AF543571

JAPANMESSER SCHÄRFEN

Wie Sie Ihre Klingen mit traditionellen Wassersteinen richtig scharf machen

Rudolf Dick

Japanmesser schärfen

2. Auflage, 2015

ISBN 978-3-938711-55-2

Wieland Verlag GmbH, Rosenheimer Straße 22, D-83043 Bad Aibling
Telefon 08061/38998-0, Fax 08061/38998-20
www.wieland-verlag.com
info@wieland-verlag.com

Fotos:
Hans Joachim Wieland: Titelbild, S. 17, 21, 22, 25, 26, 27, 29, 31, 33, 35, 40, 45, 47, 52, 53, 60, 66, 76, 77, 78, 79, 81, 82, 87, 88, 92, 93
Mutsuhiro Kato: S. 34, 39, 48-50, 54-57, 61-63, 67-70, 72-74
Dr. Rudolf Dick: 20, 65, 91, 96, 98-102
Prof. Dr. Thomas Petersmeier: Gefügebilder 105-107
Manfred Wallner: 28

Umschlaggestaltung und Layout: Caroline Wydeau

Druck: Graspo CZ

Printed in EU

INHALT

ÜBER DEN AUTOR

Dr. Ing. Rudolf Dick ist ein führender Experte für japanische Schneidwerkzeuge. Der 1956 geborene, an der TU München studierte und im Fachbereich Umformtechnik promovierte Maschinenbauingenieur hatte als langjähriger Geschäftsführer der Dick GmbH, Feine Werkzeuge, seit jeher großes Interesse am kreativen Zusammenwirken von Werkzeug, Mensch und Material.

Der Grundstock wurde schon durch die Kinderstube in der Werkstatt seines Vaters gelegt, der einen kleinen Betrieb für die Herstellung von Musikinstrumentenbedarf führte. Der Funke sprang bei einem Praktikum in der Werkzeugmacherei der Deggendorfer Werft endgültig über, wo unter Anleitung eines Meisters vom „alten Schlag" geschmiedet und geschärft wurde. Später vertieften vielfache Besuche bei den Schmieden und Messermachern in Japan das Verständnis für das Wesen guter Schneidwerkzeuge.

Das Schärfen auf Wassersteinen ist ein Beispiel für jenes Bemühen um Perfektion, das typisch für die Arbeitsweise des japanischen Handwerkers ist. Zu den bleibenden Eindrücken gehört aber auch die völlig „unzeitgemäße" Arbeitsethik des traditionellen japanischen *shokunin*, der nicht primär die Gewinnmaximierung, sondern das Bedürfnis seiner Kunden im Fokus hat.

Dr. Dick lebt im niederbayerischen Deggendorf, wo er neben seiner Tätigkeit als beratender Ingenieur die vorgestellten Schärfmethoden in der eigenen Versuchswerkstatt erprobt.

DANKSAGUNG

Die Inhalte dieses Buchs beruhen auf dem Erfahrungsschatz japanischer Handwerker, die Messer herstellen, schärfen und anwenden. Dafür dass sie dieses, sich in jahrzehntelanger Praxis angeeignete Wissen, so bereitwillig mit mir geteilt haben, bin ich zu großem Dank verpflichtet. Besonders darf ich mich bei dem Küchenmeister Masuyuki Miyajima aus Sanjo bedanken, der nicht nur geduldig die Schärftechniken demonstrierte, sondern mich auch schon des Öfteren kulinarisch verwöhnte. Für die Fotodokumentation der Arbeitsschritte und Übersetzungen danke ich Herrn Mutsuhiro Kato, für die Herstellung der Gefügebilder Herrn Prof. Dr. Thomas Petersmeier (FH Deggendorf). Schließlich danke ich dem Schwertpolierer Katsuyuki Sekiyama, der bereitwillig Einblick in seine erstaunliche Kunst gewährte.

Dr. Rudolf Dick

VORWORT

Spätestens seit japanische *hocho* auch in deutschen Küchen Einzug gehalten haben, ist uns bewusst, dass scharfe Messer einen wichtigen Beitrag zur Hebung der Kochkultur leisten können. Zartes Gemüse in hauchdünne Scheiben aufgeschnitten, appetitlich präparierte Fleisch- oder Fischgerichte – sie erfreuen Auge und Gaumen gleichermaßen. Nicht mehr die Fülle zählt, sondern die geschmackliche und ästhetische Qualität des Dargebotenen. Das scharfe Japanmesser ist die unverzichtbare Voraussetzung, um diese Kunst zu zelebrieren. Darüber hinaus sind scharfe Messer nicht nur effizienter, sondern auch sicherer, da man bei der Arbeit weniger Kraft aufwenden muss.

Doch entgegen den Behauptungen mancher Werbestrategen wird selbst das beste Messer einmal stumpf und muss dann geschärft werden. Leider besteht bis heute eine starke Diskrepanz zwischen der Verbreitung japanischer Messer und den Fähigkeiten, was das Schärfen dieser Klingen betrifft. Es ist das erklärte Ziel des vorliegenden Buchs, diesen Missstand zu beheben.

Es bietet praktische Anleitungen mit Schritt-für-Schritt-Anweisungen für das Schärfen des jeweiligen Messertyps. Hilfestellung gibt ein japanischer Meisterkoch, für den das Schärfen der Klingen eine selbstverständliche tägliche Routine ist, ähnlich wie ehemals dem Friseur das Abziehen des Rasiermessers. Zuvor sollte man sich jedoch ein wenig mit der Theorie beschäftigen, zumindest mit japanischen Schärfsteinen und Klingengeometrien.

Schärfen spielt sich vor allem in mikroskopischen Dimensionen ab. Für ein tieferes Verständnis der Prozesse ist es nützlich, Einblick in die Gefügestruktur des Stahls und dessen Interaktion mit dem Schärfmittel zu nehmen. Diese Vorgänge werden weiter hinten im Buch im Kapitel „Stahlkunde" näher betrachtet.

Dass wir uns beim Schärfen auf Wassersteine beschränken, hat gute Gründe: Wie wir sehen werden, ist es die einzig adäquate Methode, die den speziellen japanischen Messerstählen und der Anschliffgeometrie gerecht wird. Sie erzeugt präzise Schneiden, die hinsichtlich Schärfe und Standzeit nicht zu übertreffen sind. Nicht ohne Grund wird die schärfste aller Klingen, das japanische Schwert, seit Urzeiten ausschließlich auf Wassersteinen poliert.

So unterschiedlich die in diesem Buch vorgestellten Messer auch sein mögen: Wir werden sehen, schärfen heißt im Wesentlichen Material kontrolliert abzutragen. Mit wachsender Routine geht dies zunehmend schneller und macht durch das sich (hoffentlich) einstellende Erfolgserlebnis sogar Spaß. Noch viel größer ist die Freude beim Arbeiten mit wirklich scharfen Messern. Einmal daran gewöhnt, wird man kein stumpfes Schneidwerkzeug mehr in die Hand nehmen, ohne es augenblicklich in den scharfen Zustand versetzen zu wollen. Mit der Schärfroutine kommt auch das Vertrauen, die Schneidengeometrie seinen eigenen Bedürfnissen anzupassen: ein etwas feinerer Schneidenwinkel für nahezu widerstandslose Schnitte, eine zarte Mikrofase für höhere Beanspruchung, genau symmetrisch oder leicht einseitig angeschliffen? So individualisiert wird das Japanmesser ganz Ihrem persönlichen Arbeitsstil angepasst und das Schärfen eine Aufgabe, die Sie mehr und mehr faszinieren wird.

Bis heute umgibt das Thema „Schärfen" eine gewisse mystische Aura, die einer geradlinigen Herangehensweise im Wege steht. Wie sonst soll man sich erklären, dass sich beharrlich die Mär hält, man könne Schneiden allein dadurch schärfen, dass man sie über Nacht in eine Pyramide lege? Es gibt mindestens so viele „Geheimtipps" und Patentlösungen wie es selbsternannte Schärfexperten gibt – und die Resultate werden nicht immer den Erwartungen gerecht. Wenn es diesem Buch gelingt, die Mystik aus dem Thema zu nehmen und beim Leser das nötige handwerkliche Selbstvertrauen zu schaffen, dann ist sein Ziel erreicht. Das Weitere ist nur noch fleißiges Üben, denn für das Schärfen gilt wie für jedes manuelle Tun: Nur Übung macht den Meister! In diesem Sinne wünsche ich eine anregende Lektüre und ein sicheres Arbeiten mit wirklich scharfen Messern.

EIN BISSCHEN THEORIE

Was Schärfe eigentlich ist

Aus der Erfahrung heraus kann jeder von uns ein scharfes von einem stumpfen Messer unterscheiden. Doch woraus resultiert die subjektiv empfundene Schärfe einer Klinge? Was sind die Einflussfaktoren?

Schneidengeometrie

Die Schärfe definiert sich im wesentlichen durch die Verschneidung zweier Flächen, nämlich der Fasenflächen einer Klinge. Sie schließen den Schneidenwinkel ein. Ihre Schnittlinie bildet die Schneide, auch „Schneidkante" genannt.

Je exakter diese Verschneidung ist, das heißt je geringer die Abrundung an der Spitze, desto schärfer wird die Schneide sein. Unser primäres

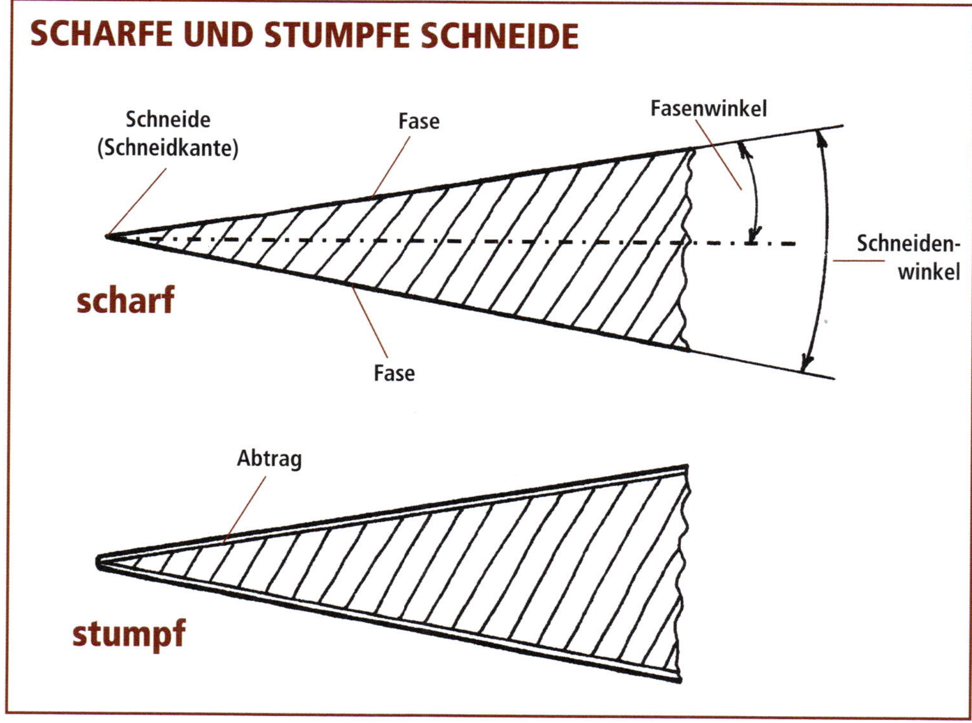

Ziel beim Schärfen ist es deshalb, Material so abzutragen, dass eine möglichst perfekte Verschneidung erzielt wird. Diese Methode unterscheidet sich grundsätzlich von derjenigen, mit einem Abziehstahl eine Schneide oder einen vorhandenen Grat nur zu verformen.

Der Kraftaufwand beim Schneiden, also die subjektiv empfundene Schärfe, hängt entscheidend vom Schneidenwinkel ab. Damit ist der Winkel gemeint, den die an der Schneidkante aufeinandertreffenden Fasen einschließen. Je kleiner er ist, desto geringer ist die Reibung am Schneidgut und damit die erforderliche Schnittkraft.

Der Verringerung des Schneidenwinkels sind jedoch technische Grenzen gesetzt. Denn je nach Härte, Stahlart und Beanspruchung wird sich die Schneide bei zu kleinem Winkel entweder umlegen (sogenannte plastische Verformung, vorwiegend bei weichem Stahl) oder ausbrechen (spröder Bruch, vorwiegend bei hartem Stahl). Die Spannweite der Schneidenwinkel liegt zwischen 8° für Rasierklingen bis nahezu 90° für Schabhobeleisen. Bei der Mehrzahl der Messer liegt er zwischen 15° und 30°.

Ist die Klinge im Querschnitt in einer durchgehenden Fase angeschliffen, so spricht man von „auf Null geschliffen". Oft ist jedoch der Anschliff abgestuft, man unterscheidet dann Primär,- Sekundär- und Mikrofase. Die verschiedenen Schliff-Varianten für Messer werden auf Seite 13 vorgestellt.

Stahlsorten

Der mögliche Schneidenwinkel und damit die erzielbare Schärfe hängt von den Eigenschaften des Klingenstahls ab – nicht nur von seiner Härte, sondern auch von seiner Struktur. Stahl ist ein kristalliner Werkstoff. Je feiner das Kristallgitter (auch „Gefüge" genannt) ausgeprägt ist, desto höher ist die theoretisch erzielbare Schärfe. Das Kristallgitter ist jedoch in der Praxis nie perfekt, sondern gestört durch Gitterbrüche, sogenannte „Versetzungen", sowie Fremdatome, Verunreinigungen und Ausscheidungen, meist Karbide, die als sogenannte „Hartphasen" nicht in das Gitter eingebaut werden.

Wegen dieser strukturellen Fehler ist selbst durch noch so gutes Schärfen keine perfekte Verschneidung der Fasenflächen zu erzielen. Unterhalb einer bestimmten Keilstärke ist der Werkstoff nicht mehr tragfähig und reißt ab. Die Schneide ist deshalb nicht linienförmig, sondern weist eine gewisse Breite auf, die wir als Schneidkantenbreite bezeichnen. Die besten technisch realisierbaren Werte liegen in der Größenordnung von 0,5 µm (0,0005 mm). Sie wurden an Rasierklingen gemessen (weiterführende Literatur siehe Quellenverzeichnis Nr. 2 auf Seite 126).

Die wesentlichen Stahltypen und ihre Eigenschaften werden ab Seite 102 vorgestellt.

„ABRISS" DURCH KRISTALLINE FEHLER

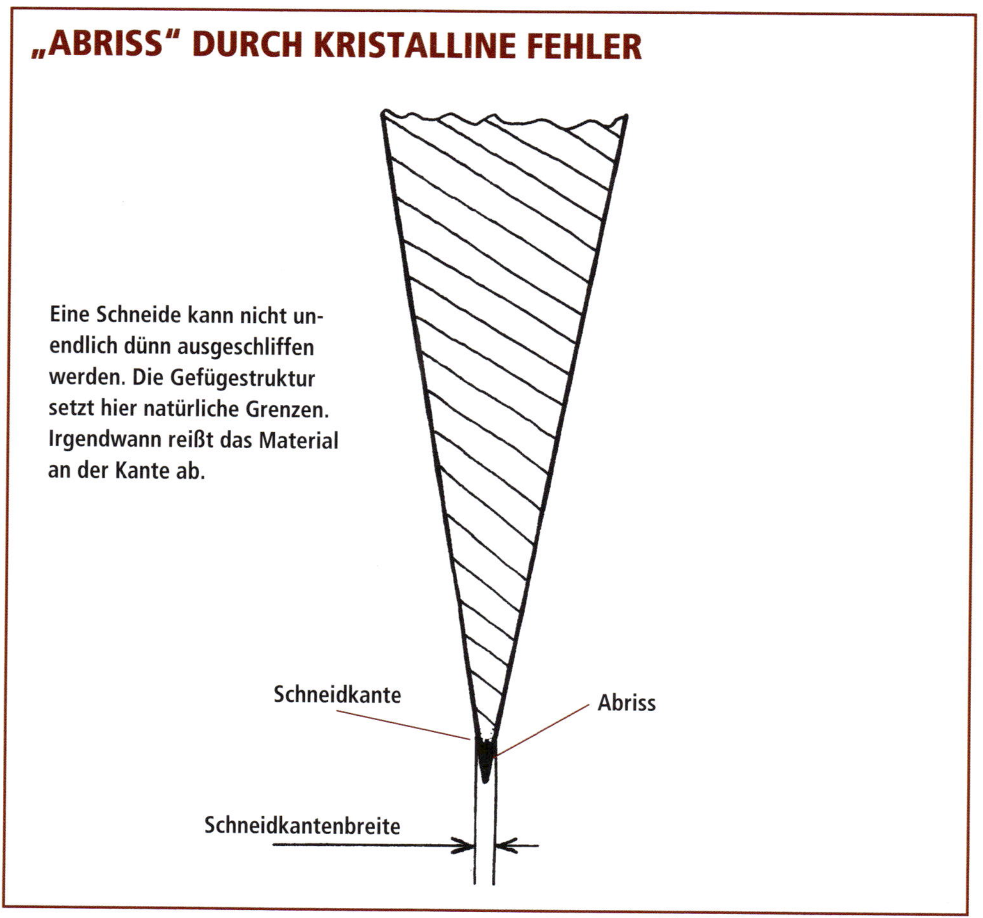

Eine Schneide kann nicht unendlich dünn ausgeschliffen werden. Die Gefügestruktur setzt hier natürliche Grenzen. Irgendwann reißt das Material an der Kante ab.

EFFEKTIVER SCHNEIDENWINKEL BEIM SCHNITT

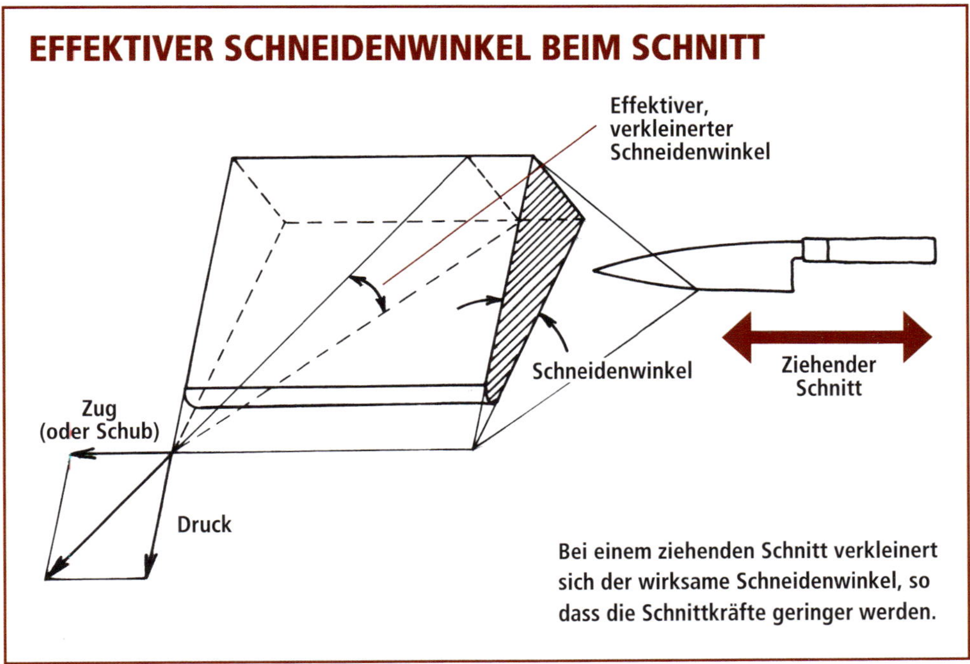

Bei einem ziehenden Schnitt verkleinert sich der wirksame Schneidenwinkel, so dass die Schnittkräfte geringer werden.

Schnittführung

Die subjektive empfundene Schärfe hängt auch von der Art der Schnittführung ab. Grundsätzlich unterscheidet man zwischen drückendem Schnitt, bei dem die Schnittkraft senkrecht zur Schneide wirkt und ziehendem (oder schiebendem) Schnitt, bei dem die Schnittkraft längs oder diagonal zur Schneide wirkt. Der ziehende Schnitt bewirkt eine effektive Verkleinerung des Schneidenwinkels und damit eine Verringerung der auftretenden Schnittkräfte.

Man arbeitet deshalb nach Möglichkeit ziehend, etwa beim Filieren von Fisch mit einem langen Messer. Bei vielen Anwendungen ist dagegen eine drückende Schnittführung unvermeidlich, wie zum Beispiel beim Arbeiten mit Hack- oder Wiegemessern. Dies führt zu einer größeren Belastung der Schneidkante, was beim Schärfen zu berücksichtigen ist.

Schleifmittel

Es leuchtet ein, dass die Mikrostruktur an der Schneide nur so fein sein kann wie das zum Abtrag benutzte Schleifmittel. Die sogenannte Rautiefe des Schleifsteins überträgt sich auf die Stahloberfläche. Letztendlich liegt also an der Schneidkante immer eine gewisse Schartigkeit vor, die sowohl vom Schleifmittel als auch von der Stahlstruktur beeinflusst ist.

Diese Schartigkeit kann bis zu einem gewissen Grad, zum Beispiel beim ziehenden Schnitt von faserigem Schnittgut, sogar vorteilhaft sein, da sie eine Art Sägezahnwirkung hat. Beim Wellenschliffmesser (Brotmesser) wird sie sogar zum Prinzip erhoben. Bei erhöhten Ansprüchen an die Schnittqualität ist jedoch generell eine sogenannte „geschlossene Schneide“ mit möglicht geringer Schartigkeit anzustreben.

Reibung

Der Widerstand beim Schneiden hängt nicht zuletzt auch von der Reibung zwischen Klingenoberfläche und Schneidgut ab. Hier kann man durch Polieren der Kontaktfläche oder durch Minimieren der Fläche (zum Beispiel schlanke Filiermesserklingen oder seitliche Kuhlen beim Lachs- oder Käsemesser) einen positiven Effekt erzielen. Keramikmesser weisen generell einen niedrigeren Reibkoeffizienten auf und werden deshalb subjektiv im Vergleich zu Stahlmessern als schärfer empfunden, obwohl sie es bei genauer Betrachtung meist nicht sind.

Selbstverständlich gibt es auch wissenschaftliche Bemühungen, den Begriff „Schärfe“ im Zusammenhang mit Schneidwerkzeugen zu definieren. Der interessierte Leser sei auf die Arbeit von Roman Landes (Quelle Nr. 2) verwiesen, der unter anderem auch das Verschleißverhalten, das heißt die Standzeit der Schneide, in Abhängigkeit von verschiedenen Stahlarten untersucht hat. Aufgrund der Vielzahl der Einflussfaktoren ist jedoch bis heute die „Schnittschärfe“ eines Messers kein technisch definierbarer Wert. Sie bleibt eine empirische Erfahrung.

Klingengeometrie

Obwohl die eigentliche Schneide immer durch das Aufeinandertreffen von zwei Fasenflächen gebildet wird, gibt es hinsichtlich des Klingenquerschnitts bei Messern zahllose Varianten (Quelle 3). Man unterscheidet zwischen geradem, hohlem, balligem, einfasigem, zweifasigem, symmetrischem oder einseitigem Schliff, mit oder ohne Mikrofase, sowie Kombinationen daraus. Bei genauer Betrachtung ist die Mehrzahl der herkömmlichen Kochmesser im Schneidenbereich ballig geschliffen, was aus der weit verbreiteten Schärftechnik per Abziehstahl resultiert.

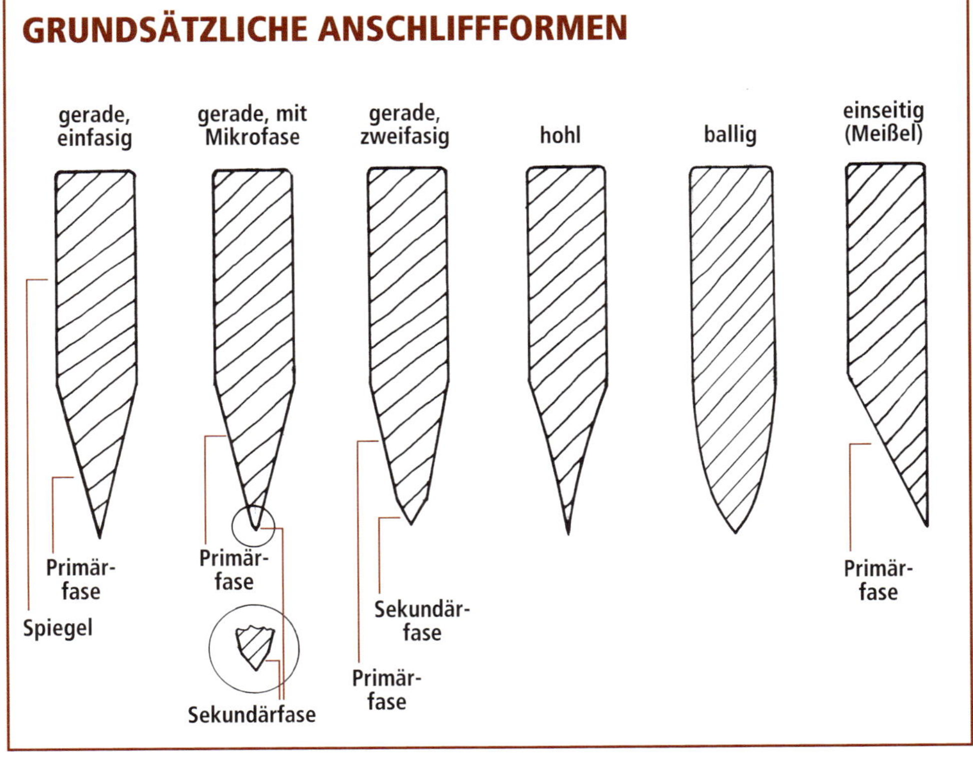

Zum Glück reduziert sich diese Vielfalt bei japanischen Messern im Wesentlichen auf zwei Grundtypen:

Einseitiger Anschliff (Meißelanschliff)
Eine gerade Fase, Rückseite (*ura*) hohl geschliffen. Bevorzugt bei den traditionellen Typen.

Beidseitiger Anschliff
Eine gerade Fase pro Seite. Bevorzugt bei Vielzweckmessern.

Falls der gerade Anschliff ohne zweite Fase bis zur Schneidkante durchgeht, spricht man auch von „auf Null" geschärft.

Der Vorteil des geraden Anschliffs ist, dass er sich optimal auf ebenen Blocksteinen bearbeiten und reproduzieren lässt. Zudem stellt er einen guten Kompromiss zwischen Hohlschliff (geringer Schnittwiderstand, jedoch empfindlich) und balligem Schliff (hoher Schnittwiderstand,

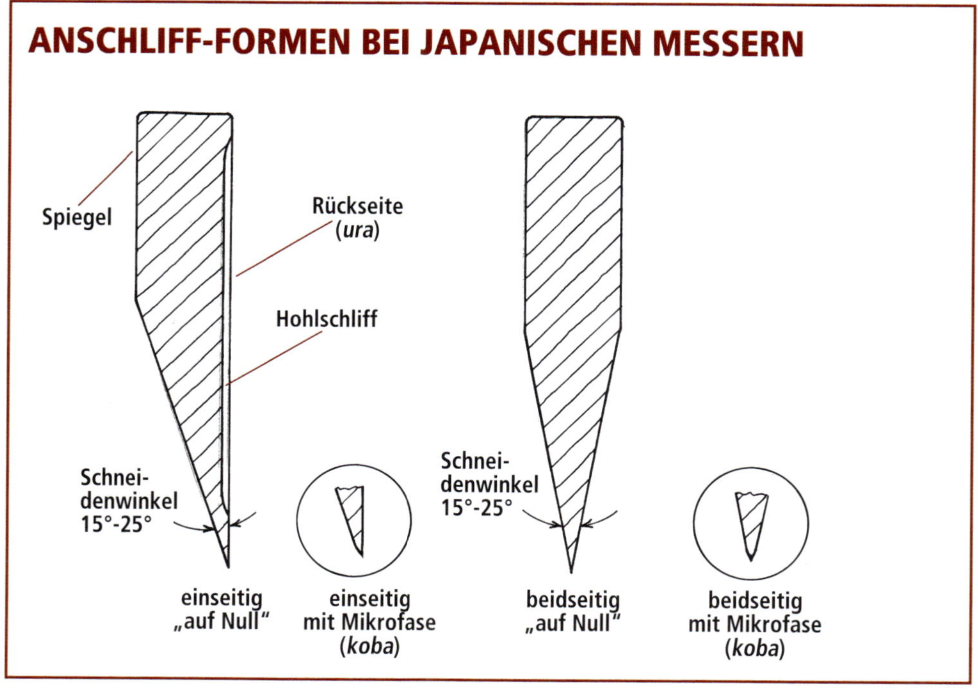

jedoch robust) dar. Die Schneidenwinkel betragen 15°-25°, je nach Messertyp. Es ist zu beachten, dass bei manchen japanischen Messern der Fasenwinkel über die Klingenlänge variiert, so ist er etwa beim Hackmesser hinten größer als vorne.

Beide Anschliffe werden vereinzelt mit einer feinen Mikrofase (*koba*) versehen, vor allem bei hoher Beanspruchung der Schneide. Die Mikrofase hat einen etwas stumpferen Winkel (+ 2° bis +5°) und erstreckt sich in einer Breite von maximal 0,5 Millimetern entlang der Schneidkante. Es gibt auch Messer, bei denen die Mikrofase nur über Teile der Klingenlänge angeschliffen ist, um die Klinge in einen Bereich guter Schnittleistung und einen Bereich höherer Belastbarkeit zu unterteilen.

Info:
Eine Mikrofase harmoniert grundsätzlich nicht gut mit dem hier vorgestellten Schärfkonzept. Aufgrund der geringen Auflagefläche kann eine Mikrofase freihändig nicht exakt nachgeschärft werden. Stattdessen sollte man beim nächsten Schärfvorgang die komplette Fasenfläche bis auf den Grund der Mikrofase abtragen.

WOMIT SCHÄRFEN?

Zum Schärfen von Messern gibt es zahllose Mittel und Methoden: Wasser- und Ölsteine, Sandpapier, Schleifleinen, Filz-, Schwabbel-, Holz- und Lederscheiben, Diamant- und Polierpasten, Bandschleifer, Abziehstähle, Keramikschärfer und vieles mehr. Alles wird angepriesen, um stumpfe Schneiden wieder in einen scharfen Zustand zu versetzen, und fast jeder Anbieter und Anwender schwört auf seine Methode. Wenn dennoch für japanische Messer ausschließlich die Verwendung japanischer Wassersteine (*toishi*) empfohlen wird, so hat das gute Gründe:

- Die Steine haben eine hohe Abtragleistung, was das Schärfen schnell und effizient macht. Zudem verringert sich durch das aggressive Schärfverhalten die Gratbildung, da nur wenig Druck aufgebracht werden muss.
- Durch das breite Angebot von Körnungen wird das gesamte Spektrum von der Grobbearbeitung bis hin zur Politur abgedeckt. So lassen sich beliebig feine Schneiden erzielen.
- Da die Steine naturgemäß unflexibel sind, können exakte Schneidengeometrien erzeugt werden (Filz- oder Schwabbelscheiben ebenso wie Schleifpapier erzeugen abgerundete Fasenflächen beziehungsweise Mikro-Schneidkantenabrundungen).
- Das Schärfen mit Wassersteinen ist ungefährlich, da es weder Funkenflug noch Hitzeentwicklung gibt.
- Die Härte und Schnitthaltigkeit des Stahls wird nicht beeinträchtigt.
- Es wird nicht unnötig viel Material abgetragen, der Substanzverlust am Messer beschränkt sich auf das Notwendigste.

Der Begriff „Wassersteine" umschreibt das zum Spülen verwendete Medium, nämlich Wasser. Es verhindert, dass der Abrieb die Poren des Steins zusetzt und so seine Wirksamkeit vermindert. Zugleich dient es zur Kühlung, was nicht nur den Stahl vor dem Ausglühen, sondern auch die nahe an der Schneide platzierten Finger vor Brandwunden bewahrt. Man unterscheidet natürliche und synthetisch hergestellte Steine.

Synthetische japanische Wassersteine

Ähnlich wie Naturschleifsteine bestehen auch synthetisch hergestellte Schärfsteine aus einem Grundmaterial (Matrix), in dem die schleifwirksamen Partikel eingebettet sind. Die Schleifeigenschaften werden von der Härte und Dichte der Matrix und der Art, Größe, Schärfe und Verteilung der Schleifpartikel bestimmt. Als Schleifmittel dienen keramische Granulate wie Aluminiumoxid (Korund), Chromoxid, Bornitrid oder Siliziumkarbid (Karborund). Ihre Härte liegt zwischen 9 und 9,6 nach der von Friedrich Mohs eingeführten Skala, in der Diamant mit 10 als der härteste natürlich vorkommende Werkstoff definiert ist.

Als Grundmaterialien kommen tonartige oder keramische Werkstoffe zur Verwendung. Je nach Bindemittel, Pressdruck und Temperatur werden daraus Steine definierter Härte und Dichte „gebacken“. Die genaue Komposition ist Betriebsgeheimnis des jeweiligen Herstellers. Nicht nur der günstigere Preis ist ein Vorteil synthetischer Steine gegenüber Natursteinen, sondern auch die Gleichmäßigkeit des Gefüges und der Schleifkorngröße. So kann es beim Schleifen nicht zu Riefen durch eingelagerte Fremdpartikel kommen.

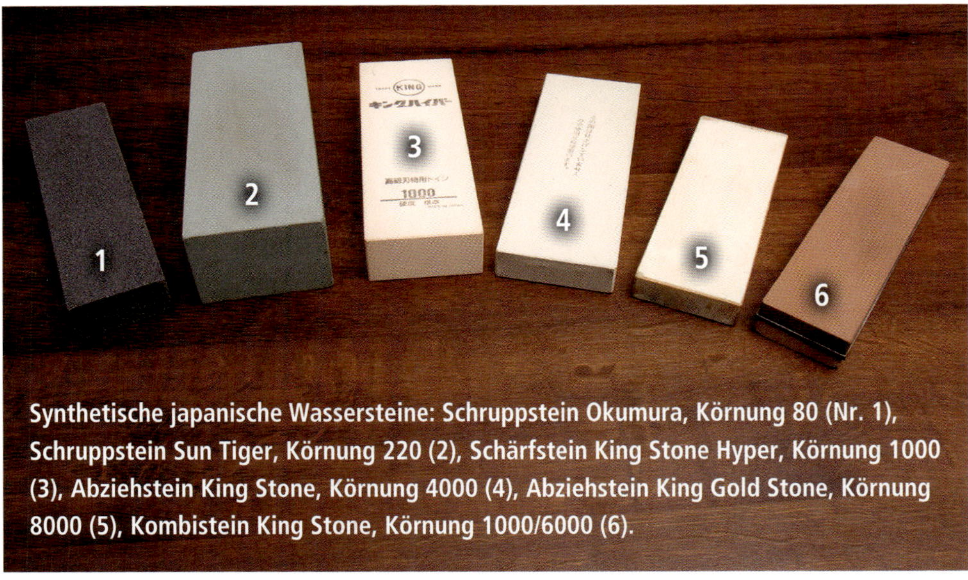

Synthetische japanische Wassersteine: Schruppstein Okumura, Körnung 80 (Nr. 1), Schruppstein Sun Tiger, Körnung 220 (2), Schärfstein King Stone Hyper, Körnung 1000 (3), Abziehstein King Stone, Körnung 4000 (4), Abziehstein King Gold Stone, Körnung 8000 (5), Kombistein King Stone, Körnung 1000/6000 (6).

GEFÜGE VON WASSERSTEINEN

offenes Gefüge

geschlossenes Gefüge

Charakteristisch für die Mehrzahl der japanischen Schleifsteine ist die relativ weiche Bindung, wodurch ständig frische Schleifpartikel während des Schärfens freigelegt werden. Man spricht auch von „offenem Gefüge". Damit wird ein gleichbleibend hoher Wirkungsgrad gewährleistet. Allerdings ist auch der Verschleiß des Steins stärker als zum Beispiel bei harten Arkansas-Ölsteinen. Das Kontrollieren der Planheit und regelmäßiges Abrichten der Steine gehört daher zur Routine des Schärfens mit japanischen Wassersteinen.

Körnung

Je nach Verwendungszweck werden die Steine in extragrober bis ultrafeiner Struktur angeboten, die durch die Angabe der Körnung klassifiziert ist. Die Körnung wird üblicherweise durch die Maschenzahl eines Siebes pro Zoll Länge definiert, das vom Schleifmittel noch durchdrungen wird. So bedeutet zum Beispiel Körnung 1000, dass das Schleifmittel ein Sieb mit 1000 Maschen pro Zoll gerade noch passiert. Da jedoch die Zählmethoden international nicht vereinheitlicht sind, gibt es verschiedene Standards, die sich bei den feinen Korngrößen zum Teil deutlich unterscheiden. Wir halten uns an den japanischen JIS-Standard.

Meist werden die Steine in drei Kategorien eingeteilt:

- Körnung 60-800, grobe Steine (*ara toishi*): für die Formgebung, Umschleifen eines Fasenwinkels, bei sehr stumpfen Schneiden und Reparaturen (Scharten, abgebrochene Spitze).

- Körnung 800-2000, mittlere Steine (*naka toishi*): für das Schärfen.
- Körnung 2000-10000, feine Steine (*shiage toishi*): für das Abziehen, Polieren und Honen.

Honen ist eigentlich ein Fachausdruck für die maschinelle Bearbeitung von Gleitflächen, zum Beispiel Zylinderlaufflächen, er wird jedoch auch für Feinbearbeitung beim Schärfen zunehmend verwendet.

Körnungen im Vergleich

Körnung Japan (JIS Standard)	Korngröße (Mittelwert in µ)	Körnung Europa (FEPA F Standard)	Körnung USA (ANSI Standard)
100	100	100	100
180	70	180	180
240	57		
280	48		
320	40		
360	35	240	
400	30	280	
500	25		
600	20	320	360
700	17	360	400
800	14		
1000	11,5	400	500
1200	9,5	500	600
1500	8	600	800
2000	6,7		1000
2500	5,5		
3000	4	1000	1200
4000	3	1200	
6000	2	1500	
8000	1,2	2000	

Die sogenannten Kombisteine weisen auf der Vorder- und Rückseite verschiedene Körnungen auf, zum Beispiel 1000/6000. Sie sind für den mobilen Einsatz oder gelegentliches Schärfen ausreichend, haben jedoch den Nachteil, dass man jeweils nur eine Fläche zur Verfügung hat. Bei den regulären Blocksteinen kann man dagegen die gegenüberliegenden Seiten für verschiedene Beanspruchungen verwenden, etwa für gekrümmte und gerade Schneiden. Die Bilder unten zeigen das Schliffbild für drei verschiedene Körnungen an der gleichen Klinge. Man sieht die unterschiedlichen Oberflächenstrukturen und die Auswirkungen auf die Schneidkanten.

Eine neuere Entwicklung sind die keramischen Wassersteine, die aufgrund einer sehr harten Matrix kaum verschleißen. Die vor allem bei professionellen Messerschärfern beliebten Steine der Marke Shapton weisen dennoch eine gute Abtragleistung auf, was auf Verwendung hochwertiger Schleifpartikel schließen lässt. Sie verfügen über eine Temperglasplatte als Basis, die für eine gute Grundplanheit sorgt und zugleich den Vorteil hat, dass die innen am Boden aufgedruckte Körnungsangabe dauerhaft ablesbar ist. Shapton-Steine werden bis zu

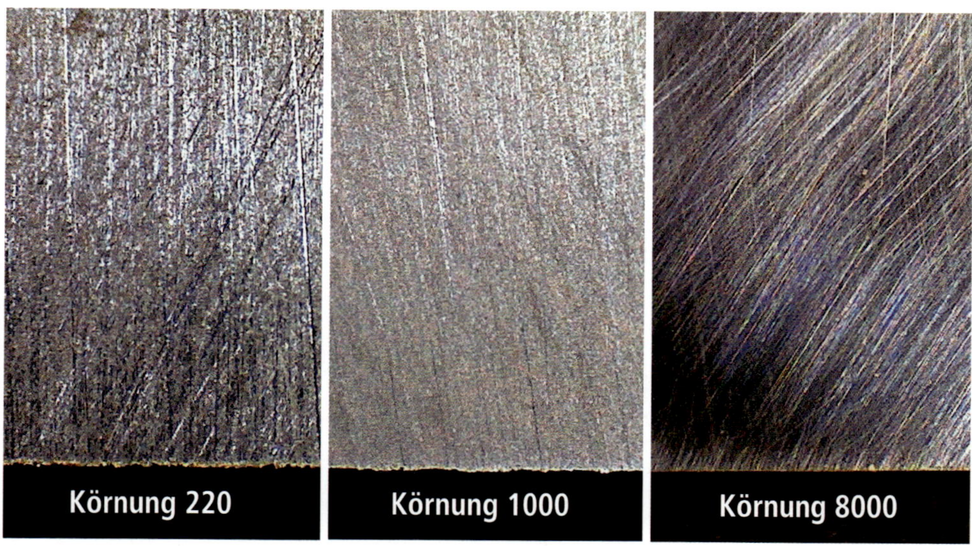

Zunehmend feiner: Oberflächen und Schneidkanten nach der Bearbeitung mit synthetischen Wassersteinen verschiedener Körnungen (30-fache Vergrößerung).

einer Körnung von 30000 hergestellt, wobei für Kochmesser eine Körnung von maximal 10000 ausreichend ist.

Japanische Natursteine

„Eine Klinge und der Schärfstein müssen zueinander passen wie Braut und Bräutigam.“
Higeoshi Iwasaki, japanischer Meisterschmied

Handgeschmiedete Klingen haben eine Seele. So individuell ihr Charakter ist, so spezifisch müsse auch der passende Schleifstein ausgewählt werden, sagen manche Schärfexperten. Deshalb schwören viele von ihnen immer noch auf Natursteine (*tennen toishi*). Die meisten Fundstätten sind allerdings weitgehend ausgebeutet, was sich auf die verfügbare Qualität und den Preis auswirkt. Das gilt für europäische Steine, etwa den „Belgischen Brocken“, ebenso wie für japanische Abziehsteine. Mineralogisch betrachtet, handelt es sich bei den gröberen Körnungen meist um Sandsteine, bei den feineren um Sedimentgestein

Japanische natürliche Wassersteine:
***ara*, Körnung ca. 400 (Nr. 1), *binsui*, Körnung ca. 1000 (2), *ao*, Körnung ca. 1500 (3), *sho-hon-yama*, Körnung ca. 6000 (4), *hon-yama awase-do*, Körnung ca. 8000 (5), *nagura-to*, Körnung ca. 3000 (6)**

mit eingelagerten schleifwirksamen Partikeln, wie zum Beispiel Korunden. Ihre gleichmäßige Größe und Verteilung prägt entscheidend die Qualität des Steins.

Die japanischen Natursteinbrüche waren traditionell in der Nähe des in der Provinz Kyoto gelegenen Bergs Atago angesiedelt. Hier wurden seit mehr als 1000 Jahren die feinsten Abziehsteine (*awase-do*) für die Schwertpolitur, das Messer- und Werkzeugschärfen geschürft. Steine der höchsten Qualität, aus dem Nakayama-Steinbruch am Berg Shoubu-dani unter Tage gewonnen, genießen bis heute unter dem Namen *hon-yama* einen legendären Ruf (Hon-yama ist eine lokale Bezeichnung des Bergs Shoubu-dani).

Vom 12. bis ins 16. Jahrhundert war der Handel mit diesen Steinen ein königliches Monopol. Das ursprüngliche *hon-yama*-Bergwerk wurde nach seiner Ausbeutung bereits 1967 geschlossen. Originale Steine in brauchbarer Qualität für die Schwertpolitur liegen heute weit im fünfstelligen (!) Euro-Preissegment. Es gibt jedoch in der Nähe noch aktive Minen, aus denen bezahlbare Steine von guter Qualität gewonnen werden. Diese als *sho-hon-yama* bezeichneten Blocksteine oder Bruch-

Herstellen einer polierenden Paste mit dem *nagura-to*.

stücke zeichnen sich durch ihre gelbe bis grünliche Farbe, manchmal durchzogen von flammenförmigen rötlichen Adern, und ein griffiges Abziehverhalten aus.

Der *nagura-to* wird nicht nur zum Schärfen, sondern auch zur Herstellung einer Politurpaste benutzt. Man reibt ihn auf einem Block-Abziehstein in kreisförmigen Bewegungen und gibt nach Bedarf Wasser zu.

Für den groben Schliff kommen der *ara-to* (Körnung 400-800) und für das Schärfen die mittleren Körnungen *binsui-to* (800-1200) und *ao-to* (1000-2000) in Frage. Schwertpolierer und Experten, die das Stahlgefüge und die Härtelinien an handgeschmiedeten Klingen besonders hervorheben wollen, benutzen dazu spezielle Natursteine wie *uchigu*, *uchigumori*, *jizuya*, *hadori* und *hazuya* (siehe Seiten 96-98).

Die richtige Behandlung der Steine

Wässern der Steine

Japanische Wassersteine müssen vor dem Gebrauch gewässert werden. Die Dauer hängt von der Art des Steins und der Körnung ab. Grobe Steine benötigen rund fünf bis zehn Minuten, um sich vollzusaugen, mittlere Körnungen drei bis fünf Minuten und feine Körnungen zwei bis drei Minuten. Keramische Steine nehmen kaum Wasser auf, hier reicht eine Minute. Diamantsteine nehmen gar kein Wasser auf, bei ihnen genügt das Befeuchten vor Beginn des Schärfens.

Das Spülen während des Schärfens hat den Zweck, den Abrieb zu beseitigen und die volle Schärfleistung zu erhalten. Wird weniger häufig gespült, so bildet sich an der Steinoberfläche eine pastöse Schlemme (jap. *toguso*). Der Abrieb setzt sich teilweise in den Poren fest, und die Schleifwirkung des Steins wird feiner.

Dieser Effekt wird von erfahrenen Schärfern bewusst ausgenutzt, um die Körnungssprünge zwischen den einzelnen Steinen auszugleichen, vor allem im mittleren und feinen Bereich. Man reduziert dazu allmählich die Wasserzugabe während des Schärfens auf demselben Stein, bevor man auf den Nächstfeineren übergeht. Vermeiden Sie allerdings, dass der Stein völlig trocken läuft. Ein durch den Abrieb „verstopfter" Stein – das passiert gerne bei chromlegierten Klingen – kann durch Reiben auf einem Abrichtblock wieder „frei" gemacht werden.

Pflege der Steine

Schärfsteine sind empfindliche Präzisionswerkzeuge, die eine behutsame Behandlung erfordern. Mit unebenen oder hohlgeschliffenen Steinen lässt sich keine exakte Schneidengeometrie erzielen. Prüfen Sie deshalb die Planheit regelmäßig mit dem Haarlineal, indem Sie es mit der scharfen Kante auf die Steinoberfläche aufsetzen und gegen das Licht peilen (Lichtspaltkontrolle).

Für das Abrichten von unebenen oder hohlgeschliffenen Steinen gibt es mehrere Möglichkeiten:

1. Die schnellste Methode ist das Reiben im nassen Zustand auf einem speziellen, im Handel erhältlichen keramischen Abrichtblock. Man reibt, bis die Kuhlen auf der bearbeiteten Fläche verschwinden und ein gleichmäßiges Schliffbild vorliegt. Auch die umgekehrte Vorgehensweise, das Reiben des Abrichtblocks auf dem liegenden Stein, ist möglich. Es ist zu beachten, dass sich der Abrichtblock selbst auch allmählich abnutzt und damit irgendwann unbrauchbar wird. Prüfen Sie den Abrichtblock bereits im Lieferzustand auf Planheit. Leider ist diese nicht immer gewährleistet!

2. Reiben im nassen Zustand auf einem planen, ausreichend großen Diamant-Blockstein von grober Körnung. Diese Methode ist die einzig mögliche für das Abrichten von keramischen Steinen.

3. Reiben von zwei Steinen aneinander, wobei der gröbere verstärkt den feineren abträgt, bis ein ebenmäßiges Schliffbild vorliegt.

4. Reiben auf Nassschleifpapier (Körnung 30-60), das auf einer ebenen Grundplatte aufliegt. Vorzugsweise verwendet man eine mindestens 30 Zentimeter lange und acht Millimeter starke Glasplatte, auf der das Papier im nassen Zustand haftet.

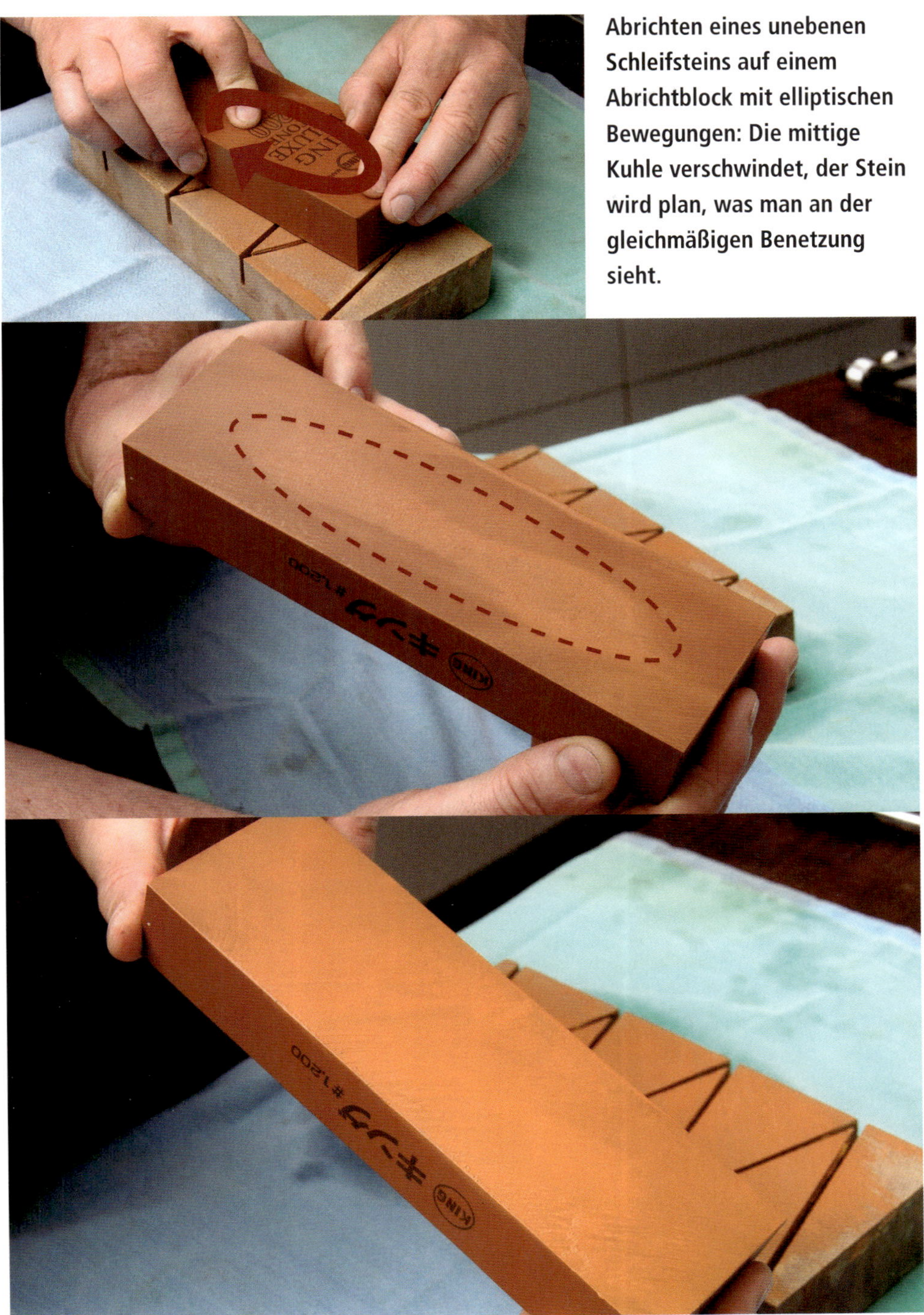

Abrichten eines unebenen Schleifsteins auf einem Abrichtblock mit elliptischen Bewegungen: Die mittige Kuhle verschwindet, der Stein wird plan, was man an der gleichmäßigen Benetzung sieht.

Tipp:
Auch Steine, die sich durch Abrieb oder Verschmutzung zugesetzt und damit an Schleifwirkung verloren haben, können durch Reiben auf dem Abrichtblock wieder freigemacht werden.

Richten Sie alle Seiten ab und fasen Sie abschließend die empfindlichen Kanten leicht an, um sie vor Beschädigung zu schützen. Dazu machen Sie mehrere Züge mit dem um 45° gekippten Stein auf dem Abrichtblock.

Synthetische, ebenso wie natürliche japanische Wassersteine sind sehr bruchempfindlich. Vermeiden Sie Erschütterungen und das Gegeneinanderstoßen beim Transport. Vermeiden Sie vor allem bei dünnen Steinen jede Biegebelastung beim Schärfen, indem Sie die Steine nach Möglichkeit ganzflächig aufliegen lassen.

Aufbewahrung

Die Zeit für das Wässern kann man sich sparen, wenn man die Steine permanent im Wasser lagert, etwa in einer Plastikwanne mit Deckel. Um der Veralgung vorzubeugen, kann man einen Spritzer Desinfektionsmittel zugeben. Verwenden Sie keine aggressiven Haushaltsreiniger! Die Aufbewahrung im Wasser ist vor allem bei stark kalkhaltigem

Lagerung der Steine in einer wassergefüllten Wanne.

Tipp:
Um Steine, die durch den Verschleiß schon sehr dünn und brüchig geworden sind, weiterhin verwenden zu können, kann man sie auf eine stabile Grundplatte, zum Beispiel aus wasserfestem Multiplex, mit Epoxidharzkleber aufkleben.

Wasser zu empfehlen, da ein häufiges Austrocknen zu einer Kalkanreicherung im Stein und damit zu einer Herabsetzung der Schärfleistung führen würde.

Achten Sie auf eine frostfreie Lagerung: Wasser, das selbst bei äußerlich trockenen Steinen im Inneren noch vorhanden ist, dehnt sich beim Gefrieren aus und führt dabei zum Bersten Ihrer kostbaren Schleifsteine!

Achten Sie darauf, dass die Steine weder bei der Aufbewahrung noch beim Gebrauch mit Öl in Kontakt kommen. Öl blockiert die Wasseraufnahme mit negativen Folgen für das Schärfverhalten. Verwenden Sie deshalb nie Öl- und Wassersteine kombiniert beim Schärfen.

Sonstige Schärfmittel

Europäische Natursteine

Selbstverständlich können auch hochwertige europäische Natursteine zum Abziehen japanischer Messer verwendet werden. Hier ein Über-

Europäische, natürliche Wassersteine: Belgischer Brocken (1), Rozsutec (2), Blauer Thüringer mit „Aufreiber" (3), Gosauer (4).

Gosauer Schleifscheibe, Durchmesser 1,8 Meter (historische Aufnahme von 1933).

blick über noch verfügbare und empfehlenswerte Steine, ohne Anspruch auf Vollständigkeit:

Der in den Ardennen vorkommende **Belgische Brocken** verdankt seine Schleifwirkung den feinen, facettierten Granaten von 5 bis 20 µm Durchmesser. Leider sind die begehrten gelblichen Exemplare („Coticule") nur noch kleinformatig oder in dünnen Platten, verklebt mit Schiefer erhältlich. Der an den gleichen Fundstätten noch in größeren Dimensionen verfügbare „Blaue Westeen" ist etwas härter, jedoch durch den geringeren Granatanteil weniger wirksam.

Sediment-Sandsteine mittlerer bis feiner Körnung werden heute noch im slowakischen Mala-Fatra-Gebirge am **Rozsutec** abgebaut, nach dem der Stein auch benannt ist. Sein Gefüge ist gleichmäßig, die Matrix relativ hart und deshalb nicht sehr aggressiv schleifend.

Wenn Sie wissen wollen, was unter einem „Gschtreimten", „Schlierler", „Lindweichen" oder „Pelzigen" zu verstehen ist, können Sie sich an den im österreichischen Gosau beheimateten Steinexperten Manfred Wallner wenden. Er hat im Jahre 1989 die vier Jahrhunderte alten Schürfrechte am Ressenberg wiederbelebt, wo sich auf 1350 Metern Seehöhe der höchstgelegene Schleifsteinbruch Europas befindet. Die gleichmäßige, dichte Struktur der hier vorzufindenden Sandsteinschicht ermöglichte sogar die Herstellung großformatiger Schleifräder. Die schleifwirksamen Partikel des **Gosauers** sind vorwiegend Quarzitkörner, eingelagert in Tonmineralien verschiedener Härte. Heute werden Blocksteine, Riemchen, Sensenwetzsteine und Scheiben mit vorwiegend mittlerer Körnung (600-1200) geschnitten.

Einen ähnlichen Gefügeaufbau, jedoch feineres Korn (bis zu 2500) weist der nun wieder verfügbare **Blaue Thüringer** auf. Um auf dem sehr harten Stein eine gute Abziehwirkung zu erzeugen, stellt man mit einem kleinen Aufreiber eine Schlämme her. Da er nach Angaben des Herstellers keine fremden Einschlüsse enthält, wird der Thüringer auch für feinste Schneiden, wie Rasier- und Mikrotommesser empfohlen.

Diamantschärfer

Ein Schleifstein, der nicht verschleißt und nicht brechen kann – das ist die Wunschvorstellung jedes Messerschleifers. Diamantsteine kommen diesem Ideal schon ziemlich nahe. Es handelt sich genau genommen

Verschiedene Diamantschärfer: Block und Kombi-Block der Firma DMT (1 und 2), Taschenschärfer von Dianova (3), Schärffeilen flach und rund von DMT (4 und 5).

nicht um Steine, sondern um Diamantgranulat, das in einer Nickelmatrix gebunden ist und galvanisch auf eine Stahlplatine aufgebracht wurde. Die Diamantschärfer sind in Blockform, als kompakte Taschenschärfer für den mobilen Einsatz oder als Schärffeilen verfügbar. Ihre Vorzüge spielen sie vor allem bei verschleißträchtigen Bearbeitungsaufgaben, wie zum Beispiel Bearbeitung von PM-Stahl- oder Keramikklingen sowie beim Abrichten, der Formänderung und Reparatur von Klingen aus. Ein Diamantschärfblock grober Körnung eignet sich auch zum Abrichten anderer Schärfsteine. Allerdings unterliegen auch die Diamantpartikel einem Verschleiß. Die anfängliche aggressive Schärfe verlieren sie relativ schnell, um dann jedoch über lange Zeit eine nahezu konstante Abtragleistung zu zeigen.

Schärfmaschinen

Für das Herausschleifen von Scharten, Formänderungen oder ganz generell für starken Materialabtrag können wassergekühlte Schärfmaschinen von Vorteil sein. Es gibt zwei Maschinen, die mit japanischen Wassersteinscheiben ausgestattet werden können: Das bewährte Tormek-Schärfsystem bietet diverse Schleifführungen für reproduzierbare Ergebnisse sowie eine Lederabziehscheibe. Das Schärfen am Scheibenumfang erzeugt jedoch einen Hohlschliff, der für japanische Messer nicht empfehlenswert ist, da er die Schneide schwächt und das Bruchrisiko erhöht. Dieses Problem existiert nicht bei der Shinko-Maschine, deren Topfscheibe einen Planschliff erzeugt. Sie ist hinsichtlich Stabi-

Tipps für die Arbeit mit Diamantschärfern:

- Üben Sie wenig Druck aus! Zu hoher Druck kann die galvanische Beschichtung beschädigen oder die Diamantpartikel aus der Matrix reißen.
- Achten Sie beim Kauf auf eine gute Qualität, gekennzeichnet durch monokristalline Diamantkörner und eine hohe Planheit. Ein krummer Stein ist für die meisten Schärfaufgaben unbrauchbar.
- Verwenden Sie Wasser als Spülmittel. So kann man Diamantsteine mit japanischen Abziehsteinen kombinieren.
- Diamantsteine werden nach der Korngröße spezifiziert. Die feinste Körnung von 3 µm reicht jedoch für das Abziehen japanischer Kochmesser nicht aus. Verwenden Sie zusätzlich einen japanischen Wasserstein.

Doppelseitig belegter Leder-Stoßriemen.

lität und Leistung für leichtere Aufgaben ausgelegt.

Abziehleder und Pasten

Die Verwendung von Abziehleder ist in der Regel für japanische Kochmesser nicht empfehlenswert. Das Abziehen auf einem feinen Stein führt zu besseren Ergebnissen. In bestimmten Fällen kann dennoch das Abziehen auf Leder vorteilhaft sein, etwa bei einer komplizierten Schneidengeometrie (Wellenschliff, ballige Schneide) oder wenn man noch wenig Übung im Umgang mit Steinen hat. Das Leder sollte dünn, hart und auf einer Holzunterlage aufgeklebt sein, damit es sich nicht verformt. Ein Stoßriemen, wie er auch für Rasiermesser benutzt wird, ist gut geeignet. Durch Auftragen eines nicht schleifenden Leder-Pflegefetts oder Öls, das man einreibt, verbessert sich die Haftung beim Abziehen. Verwenden Sie zum Abziehen keine Pasten, die Schleifpartikel enthalten!

Schleif- oder Polierpasten bestehen meist aus einem Öl- beziehungsweise Wachsbindemittel mit Schleifpartikeln. Das Problem ist, dass deren Körnung meist nicht definiert oder nicht konsistent ist, mit Ausnahme der kostspieligen Diamantpasten. Zudem ist es praktisch un-

Schleif- und Polierpasten (von links nach rechts): Gundelputz, wachsgebundene Schleifpaste, Diamantpasten (wasserlöslich).

Tipp:
Aus dem Abrieb eines feinkörnigen Wassersteins kann man sich unter Wasserzugabe auch selbst ein Poliermittel herstellen. Es hat den Vorteil, dass man die Körnung kennt und dass es nicht ölhaltig ist.

möglich, das Leder von darin festgesetzten Schleifpartikeln zu reinigen, um es zum Beispiel für ein feineres Poliermittel zu verwenden.

Derartige Pasten können jedoch zum Glätten der Fasen- oder Spiegelflächen einer Klinge dienen, sowie zum Beseitigen von Flugrost oder angelaufenen Stellen. Die Politur erfolgt entweder manuell oder mit Hilfe von Filz-, Stoff- oder Lederscheiben. Achten Sie darauf, dass keine ölhaltigen Pastenreste auf Ihre Schleifsteine gelangen.

Nützliches Zubehör

Beim Schärfen auf Wassersteinen muss man dafür sorgen, dass der Stein ruhig und stabil liegt. Wenn der Stein nicht mit einem geeigneten Sockel geliefert wird, benötigt man eine stabile **Halterung** mit rutschfesten Gummifüßen und längenverstellbarer Aufnahme. Als einfache Hilfe für gelegentliches Schärfen reicht eine rutschhemmende **Gummiplatte**, die auf eine ebene Fläche gelegt wird. Anleitungen zum Bau einer eignen, stilvollen Halterung aus Holz finden Sie in den Büchern von Toshio Odate und Jim Kingshott (Quellenverzeichnis Nr. 4 und 5).

Zur Beurteilung der Schneide und der Oberfläche ist eine **Lupe**, am besten eine Lupenlampe oder Aufsetzlupe, hilfreich. Zur Prüfung der Planheit der Steinen oder Spiegelflächen von Klingen verwendet man in ein **Haarlineal**. Mit der scharfen Kante auf der Fläche aufgesetzt und gegen das Licht gehalten, fallen auch kleinste Unregelmäßigkeiten sofort auf (sogenannte Lichtspaltkontrolle).

Um den Schneidenwinkel zu prüfen, eignet sich ein kleiner, verstellbarer **Winkelmesser**. Bei einseitig angeschliffenen Messern mit flacher Rückseite kann man auch ein Geodreieck mit Winkelskala an der Fasenfläche anlegen und den Winkel an einer Referenzfläche ablesen.

Oberflächlicher Rost wird mit dem Rostradierer entfernt.

Zur Konservierung von Messern mit Kohlenstoffstahlklingen verwenden Sie ein säurefreies, dünnflüssiges, nicht harzendes und lebensmittelechtes Öl, wie **Kamelienöl** oder **Ballistol**. Speiseöle, wie Olivenöl, sind wegen ihres Säuregehalts nicht empfehlenswert. Zur Beseitigung von Flugrost und Anlaufschwärzungen eignet sich ein **Rostradierer**, der ähnlich wie ein Radiergummi funktioniert.

Der Arbeitsplatz sollte folgende Voraussetzungen erfüllen: Helles, blendfreies Licht, möglichst mit Arbeitsleuchte für direkte Beleuchtung zur Beurteilung der Schneide. Stabiler Auflagetisch, der ein Arbeiten etwa auf Hüftniveau ermöglicht. Kochmesser werden im Normalfall auf der Küchenarbeitsplatte geschärft, die sich dazu auch gut eignet, zumal sich Wasser- und Spülbecken in der Nähe befinden. Achten Sie auf eine saubere Umgebung, vermeiden Sie vor allem die Verunreinigung der Steine mit Schleifstaub.

Legen Sie beim Schärfen Wert auf Ruhe. Musik und Lärm lenken nicht nur ab, sondern verhindern das Wahrnehmen des Schärfgeräuschs.

Winkelmesser

Rostschutzöl

Aufsetzlupe

Haarlineal

Schärfsteinhalterung

SCHÄRFEN IN DER PRAXIS

So breit das Anwendungsspektrum von Messern ist, so unterschiedlich sind die Anforderungen an Schärfe und Belastbarkeit der Schneiden. Ein Kochmesser, mit dem nur Gemüse zerteilt wird, kann eine fein ausgeschliffene Schneide mit kleinem Schneidenwinkel haben, während ein Outdoor-Messer, mit dem auch einmal ein Ast abgetrennt wird, einen größeren Schneidenwinkel und eine weniger feine Politur benötigt. Das ändert jedoch nichts an der Tatsache, dass wir bei allen Messern grundsätzlich die gleiche Methode anwenden, nämlich das Schärfen auf Wassersteinen.

Für Masuyuki Miyajima, der in Sanjo ein traditionelles Fischrestaurant betreibt, ist das Schärfen der Messer mehr als eine tägliche Routine, es ist die unabdingbare Voraussetzung, um seine Kochkunst zu zelebrieren. Diese besteht nur oberflächlich betrachtet darin, Fisch und Gemüse in essbare Portionen zu zerteilen oder besonders schön anzurichten. Seine wahre Aufgabe sieht er darin, den natürlichen Geschmack der Lebensmittel zur Entfaltung zu bringen. Mit virtuoser Messerführung veredelt er die Gaben der Natur – und bringt seine Gäste zum Schwärmen! Masuyuki Miyajima ist ein *itamae*, ein Mann vor dem Schneidbrett, wie japanische Sashimimeister genannt werden. Die Bildsequenzen zum Schärfen der Kochmesser auf den folgenden Seiten entstanden an seinem Arbeitsplatz.

Meisterkoch Masuyuki Miyajima.

Unterschiede zu europäischen Messern

Das traditionelle *hocho* ist ein Schneidwerkzeug, dessen Form – frei von gestalterischen Einflüssen – allein aus der Funktion geboren wurde. Durch seine Eigenart gibt es für die japanischen Bezeichnungen der Messermerkmale nicht immer einen adäquaten deutschen Begriff, wie zum Beispiel für *shinogi*.

Die wesentlichen Besonderheiten im Vergleich zu europäischen Messern sind:

1. Die Klingen sind im Querschnitt meist zwei- oder mehrlagig aufgebaut. Ein relativ weicher Grundkörper aus Eisen oder nicht härtendem Stahl (*jigane*) ist feuerverschweißt mit einer sehr harten Stahl-Schneidenschicht (*hagane*). Man bezeichnet diese Bauweise als *kasumi*.

Dieser harte Schnittstahl ermöglicht kleinere Schneidenwinkel als bei europäischen Messern, ohne zu riskieren, dass sich die Schneidkante umlegt – die Schneide „steht“ besser. Zudem hat dieser Aufbau den Vorteil, dass beim Schärfen nicht so viel vom harten Stahl im Kontakt mit dem Schärfstein ist. Der Abtrag erfolgt dadurch schneller. Da *ha-*

BEZEICHNUNGEN BEIM JAPANISCHEN MESSER

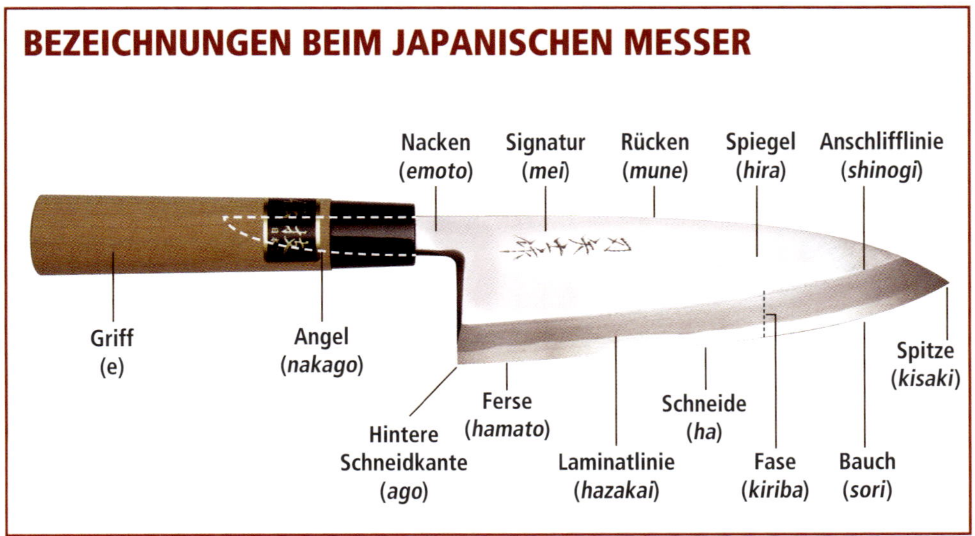

gane wesentlich feinkörniger als *jigane* ist, zeigt die Schneidenschicht nach der Politur einen feinen Spiegelglanz, während der Grundkörper eher matt bleibt. Die Trennungslinie zwischen beiden Schichten wird als *hazakai* bezeichnet. Sie ist zu unterscheiden von der *hamon*-Härtelinie beim japanischen Schwert, die sich durch selektives Härten ergibt.

Es gibt auch japanische Messer, meist für professionellen Einsatz, die aus Monostahl geschmiedet und selektiv gehärtet werden (ähnlich dem japanischen Schwert). Man bezeichnet sie als *honyaki hocho*.

QUERSCHNITT DES JAPANISCHEN MESSERS (KASUMI-BAUWEISE)

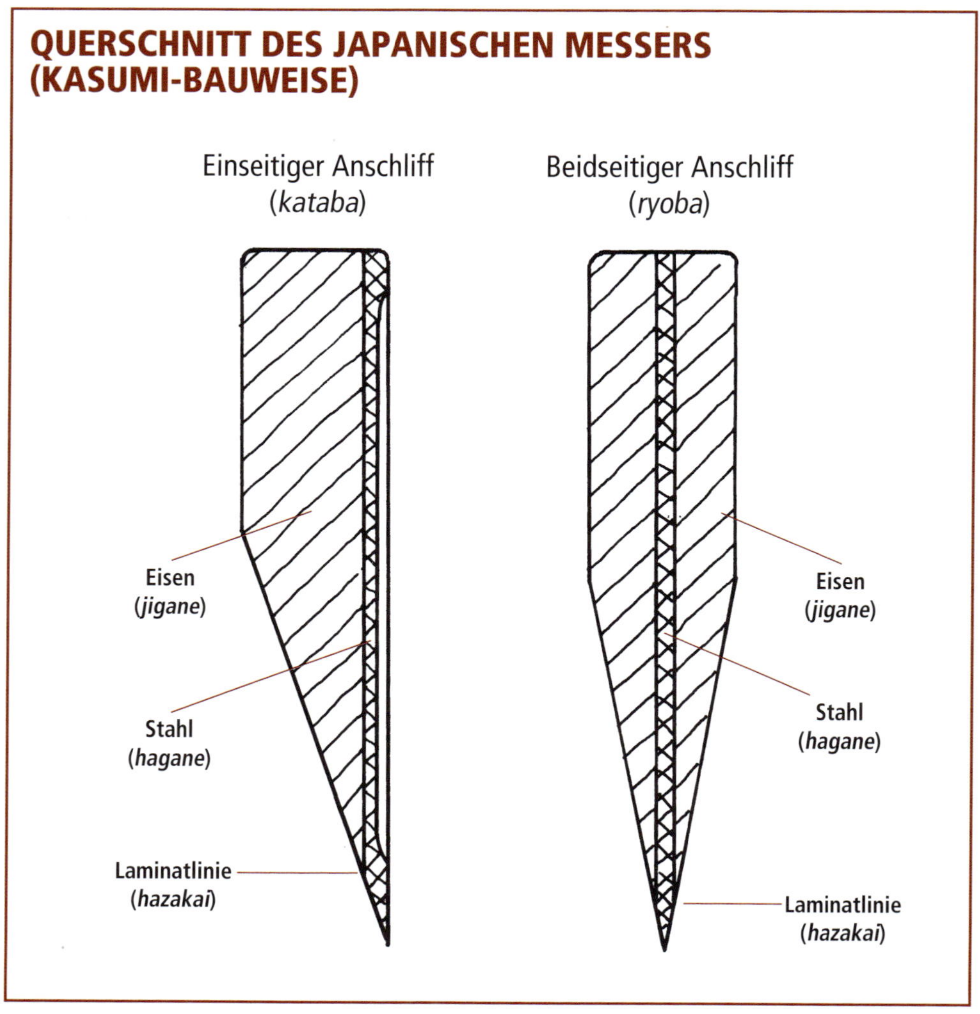

2. Neben den üblichen beidseitig angeschliffenen Messern (*ryoba*) weisen traditionelle *hocho* oft einseitig angeschliffene Klingen auf (*kataba*). Die plane Rückseite ist durch einen leichten Hohlschliff freigestellt, so dass nur der Rand mit der Oberfläche des Schleifsteins in Kontakt tritt. Geschärft wird bei diesen Messern vorwiegend die Fasenfläche. Die Rückseite wird nur zur Beseitigung des Grats bearbeitet, wobei die Klinge flach auf dem planen Abziehstein aufliegt.

Einseitig angeschliffene Messer sind normalerweise für Rechtshänder ausgelegt (Anschliff rechts), Linkshänder benötigen eine (leider nicht immer erhältliche) Sonderausführung mit Anschliff „links".

3. Die Schneiden sind in der Regel mit einer ebenen Fase „auf Null geschliffen", das heißt nicht hohl und nicht ballig. In Ausnahmefällen wird eine dünne Mikrofase (*koba*) angeschliffen.

4. Die Klingen, auch bei Filetiermessern, sind in der Regel nicht flexibel.

5. Japanische Messer haben an der Ferse (*hamato*) keine Fehlschärfe und an der hinteren Schneidkante (*ago*) in der Regel keine Verdickung als Handschutz, sie sind also bis zur Ferse scharf geschliffen. Das hat den Vorteil, dass die gesamte Schneidenlänge nutzbar ist und das Schärfen auf dem Stein nicht behindert wird.

6. Die Griffe (*e*) sind meist nur aufgesteckt. Bei den traditionellen Typen bestehen sie aus wasserfestem, naturbelassenem Holz. Bevorzugt wird das warm in der Hand liegende Magnolienholz (*ho*). Dessen geringe Dichte sorgt zugleich dafür, dass der Schwerpunkt des Messers nicht zu weit hinten liegt. Generell gilt bei japanischen Schneidwerkzeugen das Gestaltungsprinzip „möglichst leicht". Masse wird nur dort eingesetzt, wo sie für die Funktion erforderlich ist.

Die zehn Regeln des Schärfens

Unabhängig vom jeweiligen Messertyp sollte man folgende zehn Schärf-Empfehlungen beachten:

1. Grundausstattung, Steinkörnung

Im Normalfall (stumpfe Schneide, keine größeren Defekte an der Schneide) genügen für den Einstieg zwei Körnungen:

- Mittlerer Stein (*naka toishi*), Körnung ca. 800-1200, für das Schärfen.
- Feiner Stein (*shiage toishi*), Körnung 4000-8000, für das Abziehen.

Falls die Klinge noch eine gute Grundschärfe und auch keine Mikroausbrüche aufweist, genügt ein regelmäßiges Abziehen auf dem feinen Stein – eine Methode, die von japanischen Köchen bevorzugt wird.

Für Reparaturen und Formänderungen ist es empfehlenswert, auch noch einen groben Stein (*ara toishi*), Körnung etwa 220, im Sortiment zu haben.

Die Steine sollten für effizientes Schärfen mindestens 20 Zentimeter lang sein. Die Lebensdauer des Steins hängt von der der Härte der Bindung und der Dicke ab. Abziehsteine halten bei guter Pflege in der Regel ein Leben lang. Bei weich gebundenen, mittelgroben Schärfsteinen ist eine Dicke von mindestens 30 Millimetern vorteilhaft. Mit zunehmender Erfahrung wächst der Anspruch und damit meist auch das Arsenal an Schärfsteinen.

2. Anstellwinkel und Druckpunkt

Setzen Sie die Klinge genau im vorhandenen Fasenwinkel auf den gut gewässerten, rutschfest positionierten Stein auf. Beim Rechtshänder führt die rechte Hand das Messer am Griff, die mittleren zwei bis drei Finger der linken Hand sind nahe an der Schneide platziert und üben Druck aus (Anmerkung: Alle Abbildungen und Beschreibungen beziehen sich auf Rechtshänder, für Linkshänder gilt das Gesagte analog seitenverkehrt).

Fingerposition nahe an der Schneide: So ist es richtig.

Fingerposition zu mittig: Bei dieser Haltung wirkt der Druck zu weit hinten.

DRUCKPUNKT BEIM SCHÄRFEN AUF DEM STEIN

hart
weich

Richtige Haltung: Druck gleichmäßig.

Verstärkter Abtrag
hart
weich

Falsche Haltung: Druck zu weit hinten.

Es ist wichtig, dass der Druck möglichst nahe an der Schneide aufgebracht wird. So nimmt bei einseitig angeschliffenen Klingen mit relativ breiter Fase die Klinge automatisch den richtigen Anstellwinkel ein. Wenn der Anpressdruck zu weit hinten liegt, wird nicht die Schneidkante bearbeitet, sondern nur das weiche Grundmaterial abgetragen. Bei beidseitig angeschliffenen Messern und nahe an der Spitze ist es durch die kleinere Auflagefläche schwieriger, den richtigen Winkel zu finden.

Achten Sie darauf, dass die Fingerkuppen nicht auf dem Stein aufliegen, da das zu einem Durchschleifen der Haut führen kann. Die Einhaltung des Fasenwinkels während des Schärfens ist der Schlüssel zum Erfolg!

Zwei Tipps für Einsteiger:

- Zwei Ein-Euro-Münzen, am Rücken untergelegt, geben etwa die richtige Neigung bei beidseitig angeschliffenen Klingen vor (das entspricht etwa 8,5° bei einem Messer mit 30 mm Klingenbreite).
- Schwärzen Sie die zu bearbeitende Fläche mit einem Markierstift. Bei den ersten Zügen auf dem Schleifstein sieht man, wo der Stein die Fase berührt und ob Korrekturbedarf besteht.

Zwei 1-Euro-Münzen als Hilfsmittel für den Anstellwinkel.

Schwärzen mit dem Markierungsstift: Schwarze Stellen kennzeichnen Flächen, die noch unbearbeitet sind.

3. Schrägstellung
Die Klinge wird grundsätzlich diagonal zur Längsachse des Steins gestellt. Im vorderen Bereich wird die Klinge im spitzen Winkel (25°-35°) in Bezug auf die Schleifsteinlängsachse geführt. Nahe an der Ferse wählt man einen stumpferen Winkel (70°-80°), um eine Berührung mit dem Griff zu vermeiden.

4. Schärfen in Segmenten
Versuchen Sie nicht, Schärfzüge über die gesamte Klingenlänge zu machen, denn das führt zu ungenauen Ergebnissen. Vielmehr bearbeitet man die Klinge abschnittsweise, beginnend an der Spitze schrittweise nach hinten (oder umgekehrt). Je nach Länge der Klinge und Breite des Schleifsteins benötigt man drei bis sechs Schritte.

5. Schärfbewegung
Unter Beibehaltung des Fasenwinkels und der Schrägstellung macht man mit der Klinge grundsätzlich geradlinige Bewegungen in Längsrichtung des Steins. Diese Längsbewegung wird nur im Bereich der *sori*-Linie (Klingenbauch nahe an der Spitze) überlagert mit einer bo-

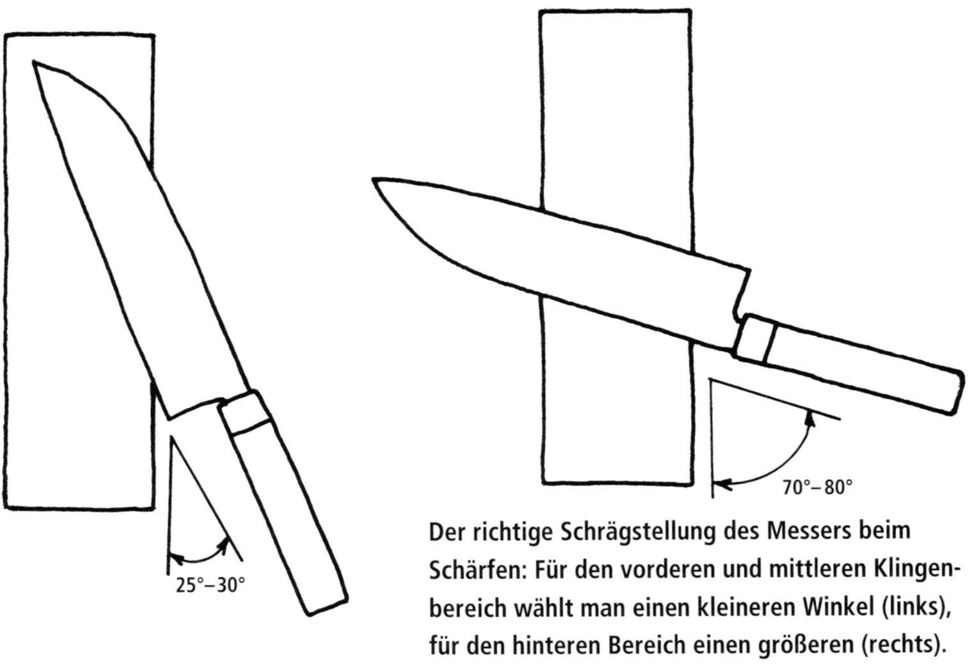

Der richtige Schrägstellung des Messers beim Schärfen: Für den vorderen und mittleren Klingenbereich wählt man einen kleineren Winkel (links), für den hinteren Bereich einen größeren (rechts).

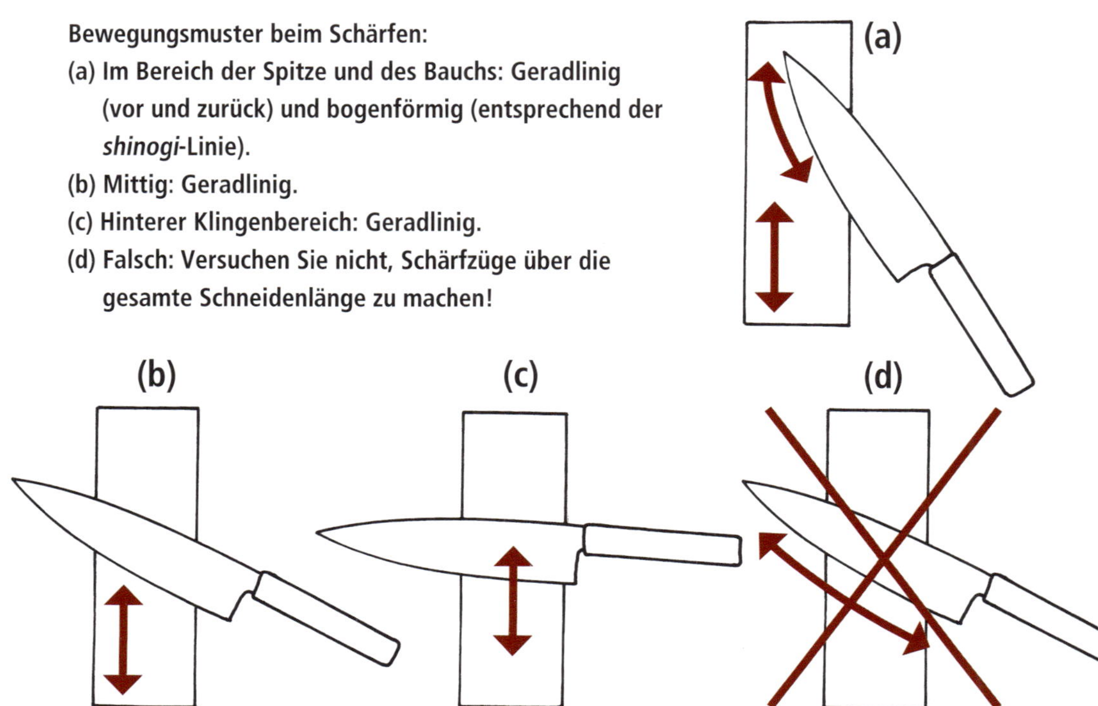

Bewegungsmuster beim Schärfen:
(a) Im Bereich der Spitze und des Bauchs: Geradlinig (vor und zurück) und bogenförmig (entsprechend der *shinogi*-Linie).
(b) Mittig: Geradlinig.
(c) Hinterer Klingenbereich: Geradlinig.
(d) Falsch: Versuchen Sie nicht, Schärfzüge über die gesamte Schneidenlänge zu machen!

genförmigen Bewegung, die dem Verlauf der *shinogi*-Anschlifflinie folgt (a). Im hinteren Bereich, bei nahezu gerader *shinogi*, sind auch die Schärfbewegungen nur geradlinig (b und c). Bei Messern mit durchgängig gerader *shinogi*, etwa einem Gemüsemesser, macht man folglich nur geradlinige Schärfbewegungen.

Achten Sie auf einen festen Stand und eine kontrollierte Körperhaltung. Die Schleifbewegungen werden nur mit den Armen ausgeführt, der Oberkörper bleibt ruhig, ohne zu Pendeln oder zu Wippen. Bemühen Sie sich um gleichmäßige, rhythmische Bewegungen.

Tipp:
Grundsätzlich sollte man für einen effektiven Abtrag möglichst lange Schärfzüge machen, mindestens über zwei Drittel der Steinlänge. Nur im vorderen Klingensektor, beim Bauch und nahe der Spitze, sind etwas kürzere Züge empfehlenswert. Sie erleichtern bei bogenförmigen Bewegungen die exakte Einhaltung des Anstellwinkels.

6. Abziehbewegung

Anders als beim Schärfprozess erfolgt die Entfernung des Grats beim Abziehen nicht schrittweise. Stattdessen macht man bogenförmige Längsbewegungen über die gesamte Klingenlänge, entsprechend der vorgegebenen *shinogi*-Linie.

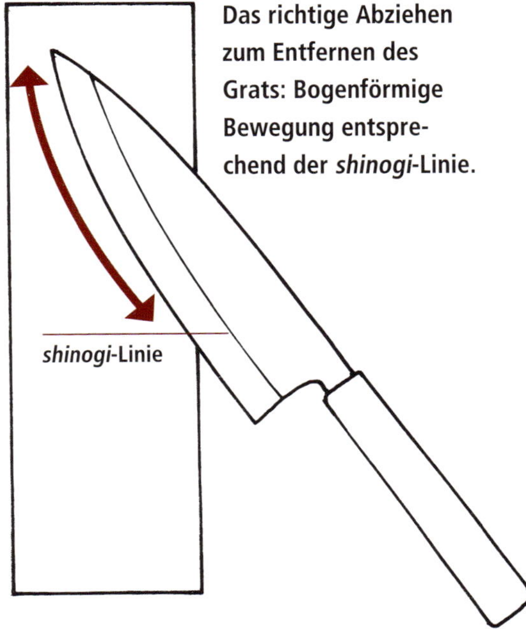

Das richtige Abziehen zum Entfernen des Grats: Bogenförmige Bewegung entsprechend der *shinogi*-Linie.

7. Schieben oder ziehen?

Beim Schärfen geht es grundsätzlich darum, Material abzutragen. Dabei ist es prinzipiell egal, ob das bei der Schärfbewegung vom Körper weg oder zum Körper hin geschieht. In der Regel wird die schiebende Arbeitsweise, also vom Körper weg, bevorzugt. So kann man mehr Druck ausüben und die korrekte Position der Klinge auf dem Stein besser kontrollieren. Die Klinge wird beim Zurückziehen nicht vom Stein abgehoben, der Anstellwinkel exakt beibehalten. Routinierte Schärfer üben jedoch in beiden Richtungen Druck auf die Klinge aus, um den Abtrag zu beschleunigen.

In Bezug auf die Gratbildung besteht ein Unterschied, ob bei der Bewegung zur Schneide hin oder von der Schneide weg Druck ausgeübt wird. Beim Schärfen zur Schneide hin wirft sich auf der Rückseite der Schneidkante ein kleinerer Grat auf als beim Schärfen von der Schneide weg. Dennoch ist es empfehlenswert, bei der Feinbearbeitung eher von der Schneide weg abzuziehen. Der Grund liegt darin, dass die auf dem Schleifstein vorhandene Abriebpaste (Schlämme) ansonsten zu einer Beeinträchtigung der Schneidkante (Abrundung) führen kann.

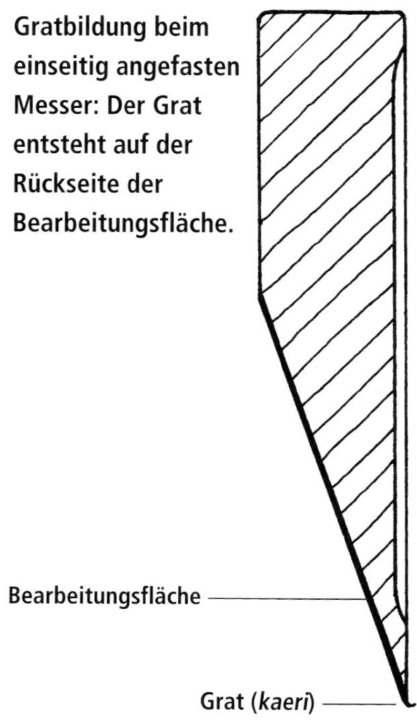

Gratbildung beim einseitig angefasten Messer: Der Grat entsteht auf der Rückseite der Bearbeitungsfläche.

8. Anpressdruck

Was die Höhe des Anpressdrucks angeht, gilt: Je feiner der Stein ist, umso weniger Druck soll ausgeübt werden. Das Herausschleifen von Ausbrüchen auf dem Schruppstein können Sie also mit kräftigem Anpressdruck beschleunigen, während man für die Politur und das Abziehen nur wenig Druck aufbringt, unter wiederholter Prüfung eines eventuell noch vorhandenen Grats. Je geringer der Druck, umso schwächer ist auch die Ausbildung des Grats. Im Bereich der Spitze wird generell der Druck reduziert, um den Anstellwinkel besser kontrollieren zu können und den Stein nicht zu beschädigen.

9. Prüfen des Grats

Die Ausbildung des Grats (*kaeri*) auf der Rückseite der Bearbeitungsfläche entlang der Schneide liefert die aussagekräftigste Information über die Gleichmäßigkeit und den Status des Schärfvorgangs. Prüfen Sie den Grat deshalb wiederholt auch schon bei den gröberen und mittleren Steinen. Beenden Sie die Bearbeitung auf dem jeweiligen Stein erst, wenn ein durchgängiger Grat vorhanden ist. Beim Abziehen sind sie fertig, wenn auf beiden Seiten kein Grat mehr spürbar ist.

Die sensible Fingerkuppe des Daumens ist der beste „Gratmesser". Beim leichten Streichen von der Schneide weg über die rückseitige Kante der geschärften Fläche ist auch ein minimaler Grat noch spürbar.

Auch eine Sichtkontrolle ist möglich. Betrachten Sie dazu die Schneide genau von oben unter direktem Licht, möglichst unter Zuhilfenahme einer Aufsetzlupe. Ein Grat, oder eine noch stumpfe Schneidkante, zeichnet sich bei einem bestimmten Einfallwinkel als reflektierende

Ein hochsensibles Instrument: Manuelle Gratprüfung mit der Daumenkuppe.

Visuelle Gratprüfung: Mit der Aufsetzlupe kann man die Schneidkante und einen Grat gut erkennen.

Silberlinie ab. Aus ihrer Stärke kann man auf die Stärke des Grats und den Zustand der Schneidkante schließen. Im Endzustand darf keine Silberlinie mehr sichtbar sein.

10. Schleifspur und Geräusch

Wir sollten beim Schärfen alle Sinne aktivieren. Dazu gehört es auch, die Abriebspur auf dem Stein zu verfolgen und auf das Geräusch beim Schärfen zu horchen. An der Schleifspur erkennt man, ob der Kontakt der Fasenfläche mit der Steinoberfläche gleichmäßig oder unterbrochen ist. Das Schleifgeräusch ist für den jeweiligen Stein charakteristisch: Je feiner, umso ruhiger und sanfter ist das Geräusch.

Wenn die Klinge richtig aufliegt, ist das Geräusch bei der Vor- und Zurückbewegung gleich. Wird sie zu steil gehalten, ist also die Schneidkante im Eingriff, so entsteht vor allem bei der Bewegung gegen die Schneide ein unangenehmes Kratzen. Schulen Sie Ihr Ohr an Versuchsklingen! Ein Routinier ist in der Lage, mit geschlossenen Augen zu schärfen.

Auf feineren Steinen sind kratzende Nebengeräusche ein Zeichen dafür, dass noch Körner des gröberen Steins vorhanden sind, die Klinge also nicht gründlich genug gespült wurde. Reinigen Sie daher Stein und Klinge nach jedem Schärfschritt.

Einseitiges Gemüsemesser *usuba*

Das in seiner rechteckigen Grundform eher unspektakulär wirkende *usuba hocho*, was soviel wie „Dünnblattmesser" heißt, gehört zu den wichtigsten und zugleich sensibelsten Schneidwerkzeugen in der japanischen Küche. Einseitig angeschliffen mit einem extrem feinen Fasenwinkel von 15° bis 20° lassen sich damit die kunstvollsten Schnitte praktizieren, wie die *katsuramuki* genannten Spiralschnitte bei Rettichen, papierdünne Blätter, feinste Nadeln oder Würfel bei Karotten, Ingwer oder Gurken.

Selbst faserige Lebensmittel, wie zum Beispiel Spargel oder Fenchel, werden quetschfrei durchtrennt, um eine appetitlich glänzende Schnittfläche zu hinterlassen. Vertiefte Informationen zur Handhabung japanischer Messer finden Sie in englischer Sprache in dem Buch „Japanese Kitchen Knives" (siehe Literaturverzeichnis im Anhang).

Aufgrund des einseitigen Anschliffs (breitere Fasenfläche) und der gerade verlaufenden *shinogi*-Linie (geradlinige Schärfzüge) ist das Schärfen dieses Messers relativ einfach.

Beginnen Sie bei einem mäßig stumpfen Messer mit einem Stein der mittleren Körnung 1200-2000 und ziehen Sie auf einem Stein der Körnung 6000-8000 ab. Da das Messer keine Spitze hat, kann man mit der Bearbeitung nach Belieben am vorderen oder hinteren Ende der Klinge beginnen. Bei Rechtshänder umfasst die rechte Hand den Griff, der Zeigefinger liegt am Klingenrücken, der Daumen an der Klingenschulter an. Zeige- und Mittelfinger der linken Hand liegen nahe an der Schneide und drücken die Fase auf den Schleifstein.

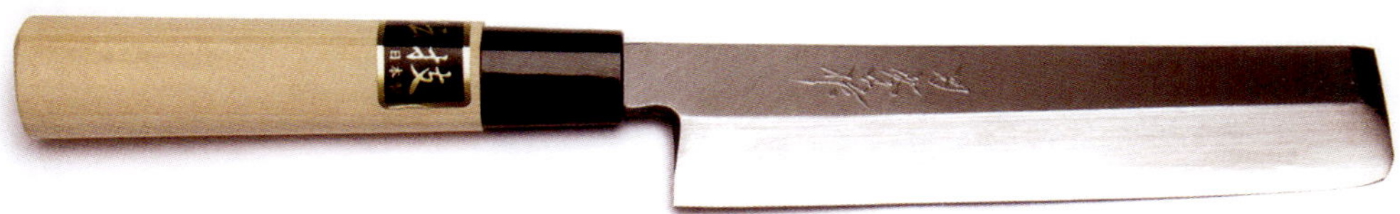

Gemüsemesser *usuba hocho*:
Die Klinge ist vorne rechtwinklig abgesetzt, ohne Bauch und Spitze.

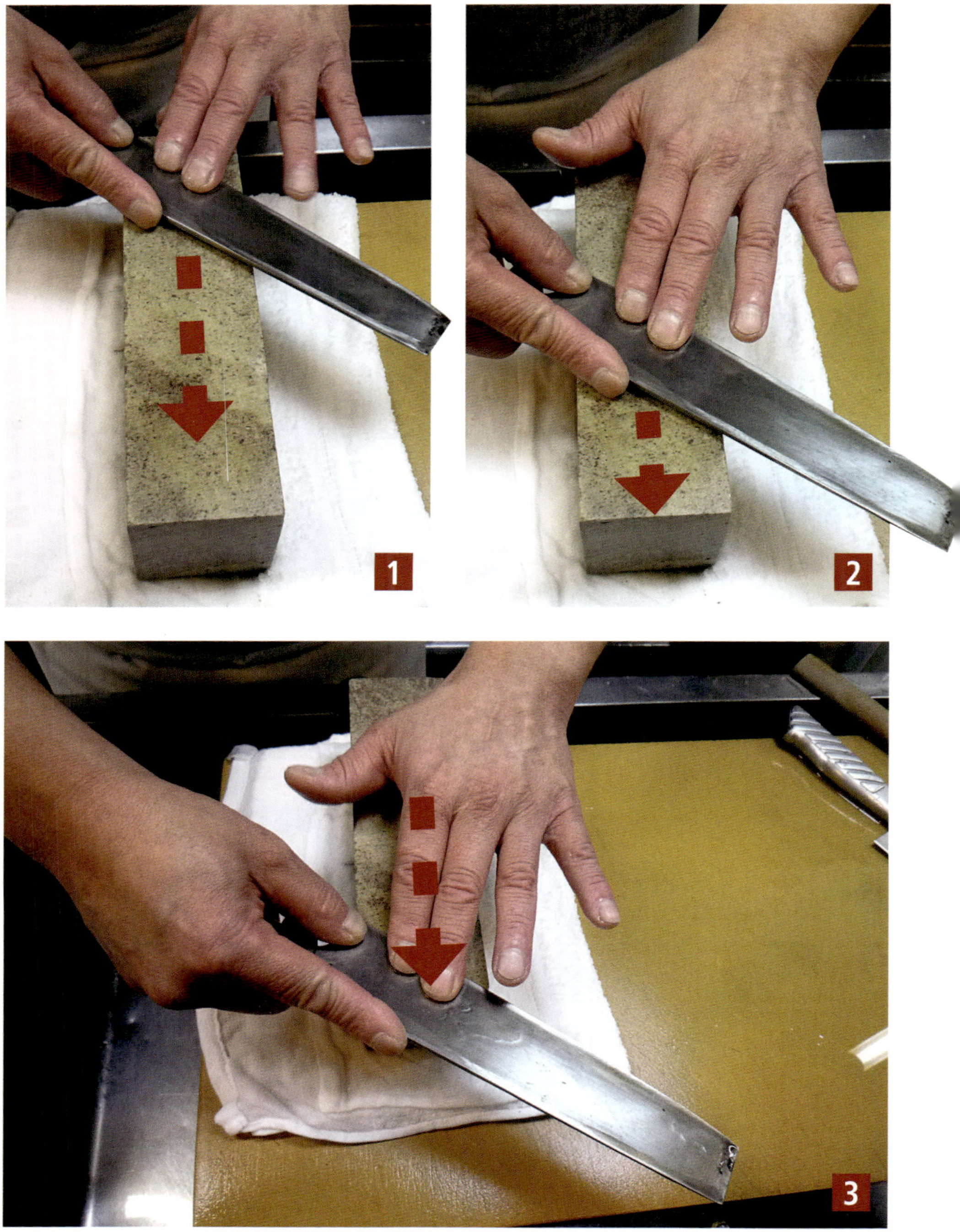

Schärfen des *usuba hocho*: Durch die einfache Form bleibt die Schärfbewegung immer …

… gerade, egal ob man den vorderen oder hinteren Bereich der Schneide bearbeitet.

Abziehen des Grats: Dazu wird das Messer umgedreht und auf der Rückseite bearbeitet.

Tipp:
Achten Sie bei den Schleifzügen darauf, dass der Druck möglichst nahe an der Schneide ausgeübt wird, ohne jedoch mit den Fingerkuppen den Schleifstein zu berühren, was zu einem Durchscheuern der Haut führen würde.

Auf der Fasenfläche schärfen Sie in geradlinigen Zügen den hinteren und vorderen Bereich der Klinge, bis sich über die gesamte Schneidenlänge auf der Rückseite ein gleichmäßiger Grat gebildet hat.

Entfernen Sie den Grat, indem Sie die Klingenrückseite flach auf dem Stein aufliegen lassen und bogenförmige Züge zum Körper hin machen, wobei die mittleren Finger der linken Hand die Klinge mittig niederdrücken. Ein bis drei Züge sollten genügen. Einen zu starken Abtrag auf der hohl geschliffenen Rückseite sollte man vermeiden.

Falls der Grat nicht oder unvollständig abgenommen wird, ist möglicherweise der Stein nicht mehr plan. Kontrollieren Sie den Stein und richten Sie ihn bei Bedarf ab (siehe Seite 24). Eine andere Ursache könnte sein, dass die Klinge verbogen ist und gerichtet werden muss. Laminatklingen lassen sich relativ leicht ausrichten. Falls Sie darin keine Erfahrung haben, ist es empfehlenswert, das Messer an einen Spezialschärfdienst zu schicken (siehe Anhang).

Spülen Sie nun die Klinge gründlich, und setzen Sie die Bearbeitung in der gleichen Abfolge, jedoch mit weniger Anpressdruck, auf dem feinen Abziehstein fort, bis sich entlang der Schneide eine fein polierte Fase mit gleichmäßigem Spiegelglanz ergibt. Ziehen Sie abwechselnd, mit abnehmendem Druck und nur noch wenig Wasserzugabe, auf der Vorder- und Rückseite ab, bis die Schneidkante völlig gratfrei ist.

Reinigen Sie das Messer schließlich mit lauwarmen Wasser und etwas Spülmittel, trocknen Sie es gut ab und ölen Sie es abschließend leicht mit einem lebensmittelechten Rostschutzöl ein, zum Beispiel mit Kamelienöl. Das rein pflanzliche, säurefreie und dünnflüssige Öl eignet sich darüber hinaus auch zur Pflege von Griffen und Schneidbrettern aus Holz.

Tipp:
Je weicher das Lebensmittel, umso größer sind die Anforderungen an die Schärfe des Messers. Eine reife Tomate ist daher das ideale Testobjekt für die Schnittprobe. Wenn Sie davon ohne Quetschverluste dünne Scheiben abtrennen können, haben Sie gute Arbeit geleistet!

Schnittprobe an reifer Tomate: Eine scharfe Klinge schafft ohne Druck einen glatten Schnitt.

So sollte es nicht aussehen: Eine stumpfe Klinge zerquetscht die Tomate, anstatt sie zu schneiden.

Indikator für saubere Arbeit: Spiegelglanz entlang der Schneide.

Einseitiges Hackmesser *deba*

Das *deba* ist ein relativ schweres, einseitig angeschliffenes Messer für das Ausnehmen, das Reinigen und das Filetieren von Fisch sowie das Zerteilen von Geflügel, Gemüse und anderen Lebensmitteln. Die kräftig dimensionierte Klinge verjüngt sich zur Spitze hin, um auch feine Arbeiten zu ermöglichen. Zugleich wird so eine bessere Balance erzielt. Auch die nach vorne deutlich abfallende Rückenlinie dient der Verringerung der Kopflastigkeit.

Der Fasenwinkel liegt bei 22° bis 25°. Oft sind *deba*-Klingen im hinteren Drittel etwas stumpfer angeschliffen, um sie für schwerere Arbeiten einsetzen zu können. Denselben Zweck erfüllt eine leichte Mikrofase, die man am Ende des Schärfvorgangs anbringen kann. Um die Schneide zu schonen, verwenden manche Köche für das Durchschlagen von Knochen zuerst den Rücken der Klinge, wozu dieser leicht angeschrägt ist. An den Kanten ist er gut abgerundet, damit bei schweren Durchtrennarbeiten mit dem Handballen zusätzlich Druck ausgeübt werden kann. Wie alle einseitigen Messer wird das *deba* vorwiegend auf der Fase geschärft. Die Fotosequenz auf den folgenden Seiten zeigt die Vorgehensweise.

Aufgrund der starken Klinge muss beim Schärfen relativ viel Druck aufgebracht werden. Deshalb empfiehlt Meister Miyajima, die Klinge nicht mit den Fingern, sondern mit dem Ballen der linken Hand auf den Stein zu pressen.

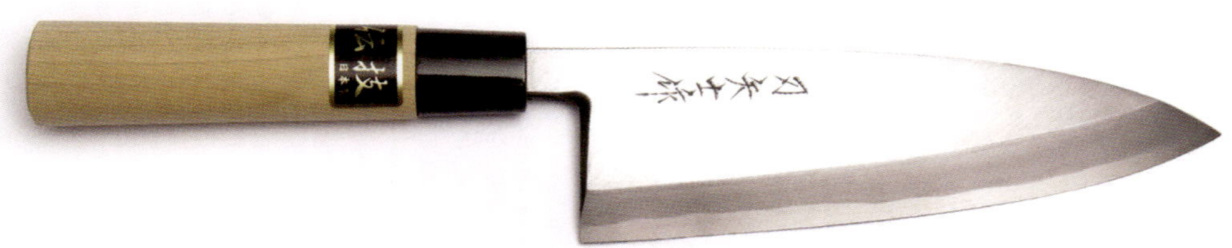

Hackmesser *deba hocho*: Das Kochmesser für schwere Arbeiten gibt es mit verschiedenen Klingenlängen von rund zehn bis über 20 Zentimeter.

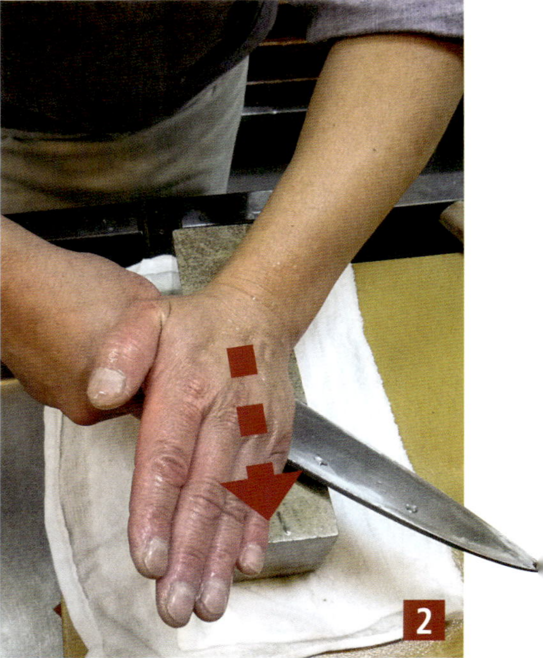

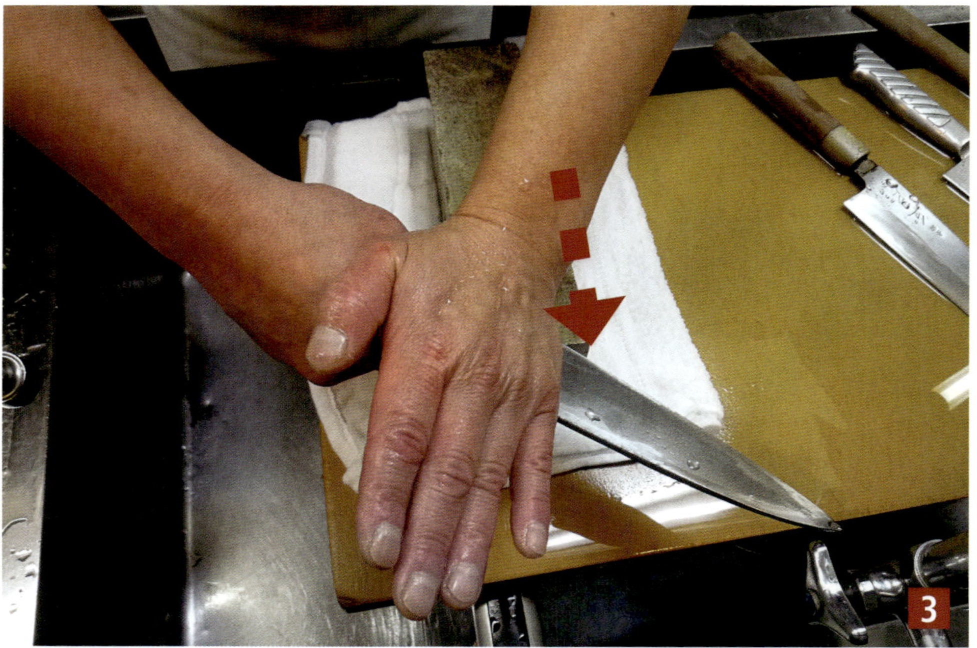

Schärfen des *deba hocho*: Der hintere und der mittlere Klingenbereich werden in geraden ...

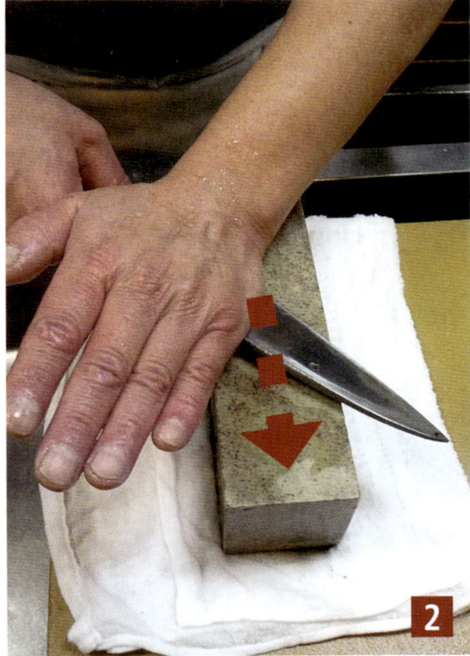

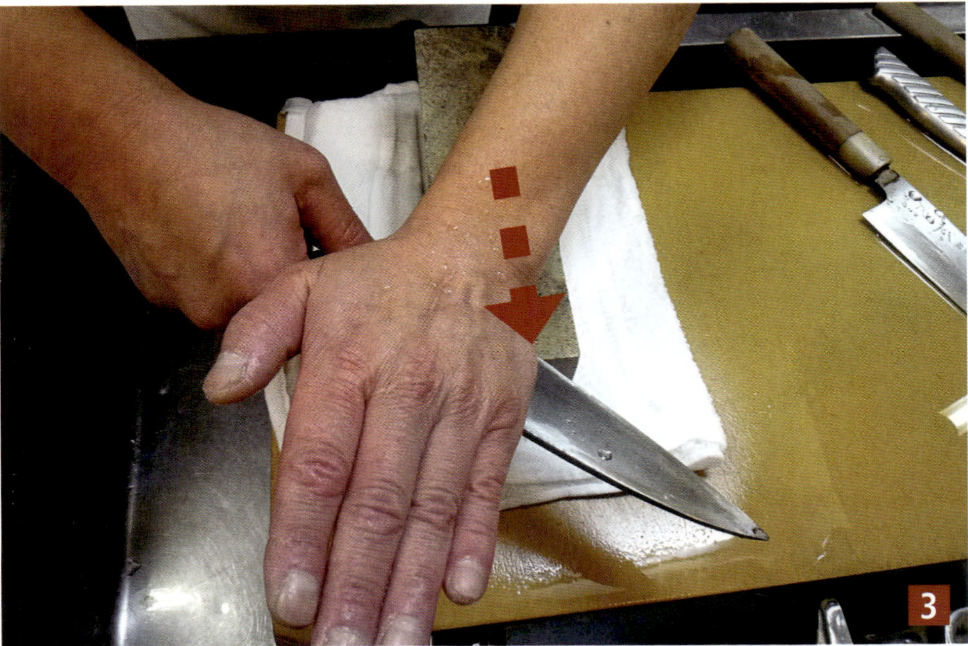

… Zügen geschärft. Dabei übt der Handballen der linken Hand Druck auf die Klinge aus.

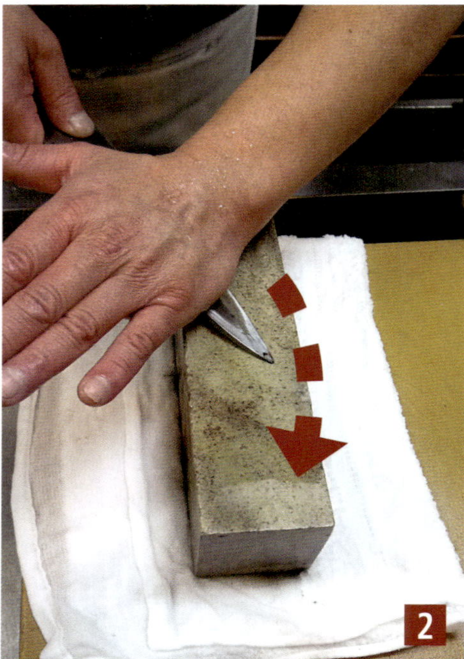

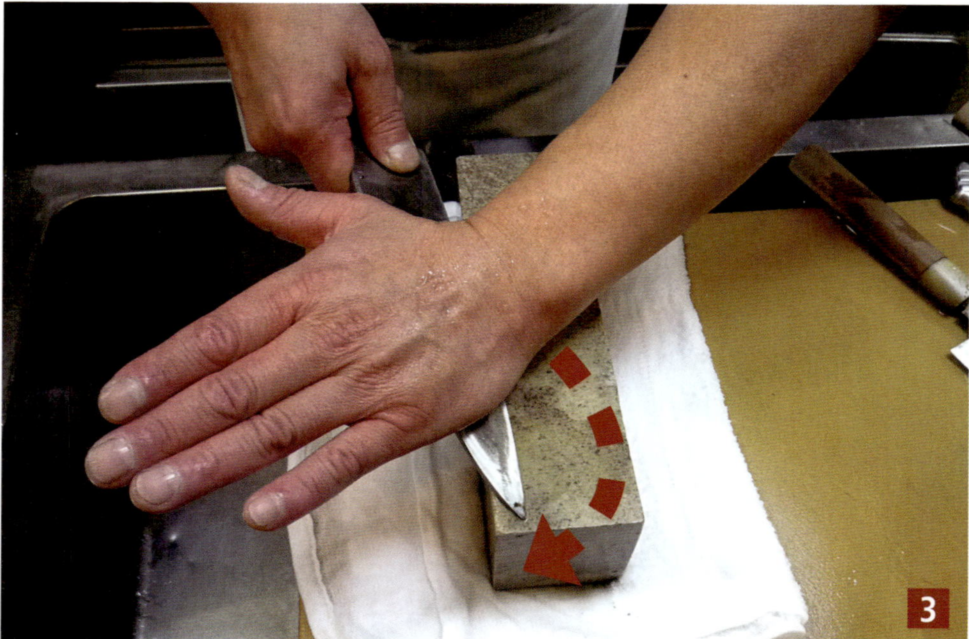

Schärfen des vorderen Bereichs: Man folgt der Form mit geschweiften Zügen.

Entfernen des Grats: Die Klinge wird dazu mit der Rückseite flach auf den Stein gelegt.

Legen Sie die Klinge, die Schneide nach hinten gerichtet, mit der Fasenfläche auf den Stein auf. Setzen Sie den Ballen möglichst weit unten, nahe der Schneide, auf der Rückseite (*ura*) an. Durch die breite Fase ergibt sich eine stabile Auflagefläche. Achten Sie jedoch darauf, dass die Hand nicht auf dem Stein aufliegt.

Die rechte Hand hält den Griff in diagonaler Position zur Schleifstein-Längsachse. Dabei liegt der Zeigefinger am Klingenrücken auf. Wir beginnen am hinteren Ende der Klinge, wo die Schneide annähernd geradlinig verläuft, und machen gerade Schubbewegungen in Schleifstein-Längsrichtung. Üben Sie nur beim Schieben vom Körper weg mit dem Ballen der linken Hand Druck aus, die Rechte konzentriert sich ausschließlich auf die korrekte Führung.

Nachdem sich auf der Rückseite ein deutlich spürbarer Grat gebildet hat, bearbeiten Sie auf die gleiche Weise den mittleren Bereich der Klinge.

Wenn schließlich die Spitze geschärft wird, macht man leicht bogenförmige Schubbewegungen, die dem Verlauf der *shinogi*-Anschlifflinie folgen. Hat sich über die gesamte Schneidenlänge ein Grat (*kaeri*) gebildet, so wird dieser in einen oder mehreren bogenförmigen Zügen beseitigt, wobei die Rückseite der Klinge flach auf dem Stein aufliegt. Dabei arbeiten Sie mit geringerem Anpressdruck, der nur mit dem Zeige- und Mittelfinger der linken Hand und dem Zeigefinger der rechten Hand erzeugt wird.

Vor der Entgratung sollten Sie mit einem Haarlineal kontrollieren, ob der Stein plan ist. Ist er durch die starke Beanspruchung beim Schärfen schon leicht hohl geschliffen, muss man ihn vorher abrichten.

Tipp:
Achten Sie darauf, dass beim Anpressen der Druckpunkt tief, im Bereich der Fase, liegt. Ein zu hoher Druckpunkt führt zu einem verstärkten Abtrag des weichen Grundmaterials, wodurch der Fasenwinkel im Laufe der Zeit immer flacher wird.

Bei der Politur auf dem Abziehstein der Körnung 6000-8000 gehen Sie in der gleichen Weise wie beim Schärfen vor. Reduzieren Sie den Anpressdruck, je feiner die Schneide wird und je geringer die Gratbildung ist.

Falls das Messer vorwiegend für schwere Arbeiten eingesetzt wird, kann man am Ende der Feinbearbeitung eine Mikrofase (*koba*) anbringen, die für mehr Schneidkantenstabilität sorgt. Vergrößern Sie dazu den Anstellwinkel um 5° bis 15° gegenüber dem regulären Fasenwinkel und machen Sie in dieser Position noch ein bis drei Züge über die gesamte Länge der Schneide. Die Mikrofase darf nur sehr schwach ausgebildet sein, da sie beim nächsten Schärfen wieder herausgeschliffen werden muss.

Selbst wenn Sie das *deba* eher für grobe Schnitte einsetzen, sollten Sie darauf achten, es immer gut scharf zu halten. So lässt es sich exakter führen, und die Handhabung wird sicherer.

Einseitiges Fischmesser *yanagiba*

Das nach der Form des Weidenblatts benannte Messer dient in Japan vorwiegend zum Aufschneiden von rohem Fisch für *sashimi* und *sushi*. Die schlanke, in einem Fasenwinkel von 15° bis 20° einseitig angeschliffene Klinge erlaubt lange, gezogene Schnitte mit geringem Druck auf das Gewebe, so dass dessen natürliche Struktur unverändert bleibt.

Filetieren, Häuten, Portionieren, Scheiben-, Zapfen- oder Spiralschnitte, immer spezifisch auf den jeweiligen Fisch abgestimmt, gehören zum selbstverständlichen Repertoire des *sashimi*-Meisters, für den das *yanagiba* ein unverzichtbares Werkzeug ist. Das Schärfen und Abziehen dieses Messers gehört zu seinem täglichen Arbeitsritual. Die Vorgehensweise ist in den folgenden Bildsequenzen dargestellt. Das Messer wird genauso gehalten wie ein *usuba*. Die Schneide weist nach hinten, die rechte Hand am Griff, der Zeigefinger liegt am Rücken, der Daumen auf der Klingenferse. Zeige- und Mittelfinger der linken Hand drücken nahe an der Schneide die Fasenfläche auf den Schleifstein.

Man beginnt mit dem Schärfen der Spitze (*kissaki*) und des Bauchs (*sori*), dem schwierigsten Arbeitsschritt. Setzen Sie die Spitze im hinteren Bereich des Schleifsteins auf und heben Sie den Griff langsam, bis die Fase vollständig aufliegt. Durch den einseitigen Anschliff und die relativ breite Fase ist ein deutlicher „Druckpunkt" spürbar.

Unter Beibehaltung des Anstellwinkels macht man nun eine bogenförmige, der Schneidenlinie folgende Schärfbewegung bis zum vorderen rechten Ende des Steins. In gleichartigen Strichen bearbeitet man so das vordere Drittel der Klinge. Zwischendurch prüfen Sie immer wieder mit der Fingerkuppe, ob sich auf der Rückseite ein Grat bildet.

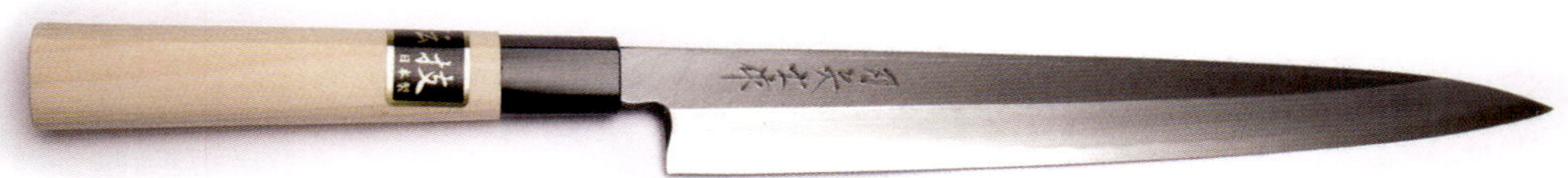

Fischmesser *yanagiba*:
Die Klinge ist lang und schlank.

Schärfen des *yanagiba*: Man beginnt mit bogenförmigen Bewegungen bei Spitze und Bauch.

Dann folgen gerade Züge im mittleren Klingenbereich.

Zum Schluss wird auch der hintere Klingenbereich in geraden Zügen bearbeitet.

Das Markieren der Fasenfläche mit einem Filzschreiber kann für den Lernprozess nützlich sein. Man entwickelt jedoch auch schnell ein Gespür für die richtige Auflage der Klinge, wenn man auf das Schärfgeräusch und die Schleifspur auf dem Stein achtet. Bringen Sie anfänglich nur ganz wenig Druck auf und machen Sie gleichmäßige Züge aus den Armen heraus, ohne Mitwirkung des Oberkörpers!

Bearbeiten Sie anschließend den mittleren und hinteren Klingenbereich, wo die Schneide nahezu geradlinig verläuft, mit geraden Schärfbewegungen.

Wenn sich über die gesamte Länge ein Grat gebildet hat, tragen Sie ihn mit einer bogenförmigen Abziehbewegung auf der Klingenrückseite ab. Die Bewegung ist genauso wie beim *deba hocho*.

Wiederholen Sie den Ablauf auf einem feinen Abziehstein, der eine Körnung von mindestens 8000 aufweist, unter wenig Wasserzugabe. Bringen Sie beim Abziehen keine Mikrofase an.

Fahren Sie fort, bis die Schneidkante völlig gratfrei ist und sich ein gleichmäßiger Spiegelglanz an der Schneide und Rückseite bildet. Nun ist das Messer bereit für Kreationen, die Auge und Gaumen erfreuen.

Tipps:
- Durch Reiben eines *nagura*-Steins auf dem Abziehstein lässt sich eine cremeartige Paste herstellen, die eine besonders feine Politur bewirkt.
- Aufgrund der sehr langen Klinge ist es beim *yanagiba* besonders wichtig, dass die Oberfläche der Schärfsteine absolut plan ist.

Sushi-Kreationen: Für solche Kunstwerke braucht man eine scharfe Klinge.

Beidseitige Kochmesser *santoku* und *gyuto*

Santoku und *gyuto* sind die gebräuchlichsten Japanmesser in westlichen Küchen – nicht zuletzt deshalb, weil ihre beidseitig angeschliffenen, relativ dünnen Klingen eine gewisse Ähnlichkeit mit europäischen Kochmessern aufweisen.

Das *santoku*, wörtlich übersetzt das Messer mit den „drei Eigenschaften", kann tatsächlich für alle leichten Schneidaufgaben bei Fisch, Gemüse und Fleisch verwendet werden. Die breite Klinge bietet eine gute Führung beim präzisen Schneiden von Scheiben oder Würfeln, der geradlinige Verlauf der Schneide ermöglicht sauberes Durchtrennen beim Wiegen von Kräutern. Für das Hacken, Durchtrennen von Knorpeln oder kraftvollere Arbeiten ist das *santoku* aufgrund seiner leichten Bauweise jedoch weniger geeignet.

Das *gyuto* zeichnet sich durch ein etwas schlankeres, stärker pointiertes Blatt aus, das beim Auslösen und Portionieren von Fleisch vorteilhaft ist.

Die Vorgehensweise beim Schärfen ist bei beiden Messern identisch. Der Schneidenwinkel beträgt rund 20°, die Klingen sind also auf dem

***Santoku hocho*: Allroundmesser für alle Anwendungen.**

***Gyuto hocho*: Sehr gut für Fleisch geeignet.**

Man beginnt das Schärfen des *santoku* und *gyuto* von hinten auf der „rechten" Klingenseite.

Dann kommt wieder der mittlere Bereich an die Reihe, ebenfalls mit geraden Zügen.

Der vordere Bereich kommt zum Schluss, wobei man der Rundung der Schneide folgt.

Wechsel: Nachdem die „rechte" Seite bearbeitet ist, dreht man das Messer um.

Schleifstein mit einem Winkel von etwa 10° aufzusetzen. Halten Sie sich an die vorgegebene Schneidengeometrie! Aufgrund der geringen Klingenstärke und des beidseitigen Anschliffs sind die Fasen dieser Messer in der Regel nur sehr schmal ausgeprägt, die Auflagefläche ist also kaum spürbar. Um ein Gefühl für den richtigen Anstellwinkel zu bekommen, kann man die Fasen mit einem Markierstift schwärzen. Man schärft beide Seiten der Klinge in ähnlicher Weise, die Abfolge ist in den Fotosequenzen auf den Seiten 67-70 und 72-74 dargestellt.

Bearbeiten Sie zuerst die „rechte" Seite. Man setzt die Klinge im vorgegebenen Fasenwinkel am hinteren Ende des Steins auf, der Rücken weist vom Körper weg. Die rechte Hand führt das Messer am Griff, der Zeigefinger liegt auf dem Rücken an, Zeige- und Mittelfinger der linken Hand üben nahe an der Schneide Druck aus. In gleichbleibender Diagonalstellung macht man nun geradlinige Schärfbewegungen, um das hintere Drittel (*hamato*) zu bearbeiten.

Prüfen Sie zwischendurch mehrmals mit der linken Daumenkuppe die Gratbildung auf der Gegenseite. Vergrößern Sie den Neigungswinkel, wenn sich nach wenigen Zügen noch kein Grat zeigt. Bemühen Sie sich, den einmal gefundenen, korrekten Neigungswinkel dann möglichst exakt beizubehalten.

Schärfen Sie nun den mittleren Bereich in gleicher Weise. Beim Schärfen des vorderen Klingensektors (*sori*) machen Sie, entsprechend der *shinogi*-Linie, geradlinige oder leicht bogenförmige Bewegungen.

Nachdem sich über die gesamte Länge ein Grat gebildet hat, bearbeiten Sie die „linke" Seite der Klinge. Die Schneide zeigt nun nach vorne, der Zeigefinger liegt nahe an der Ferse, die mittleren Finger der linken Hand üben Druck aus. Das Messer wird nahezu rechtwinklig zur Schleifsteinlängsachse in geradlinigen Schubbewegungen geführt, bis der rückseitige Grat abgetragen ist und sich auf der Oberseite erneut ein leichter Grat bildet.

Das Schärfen gegen die Schneide erfordert besondere Aufmerksamkeit, um Beschädigungen an der Schneide oder dem Stein zu vermeiden.

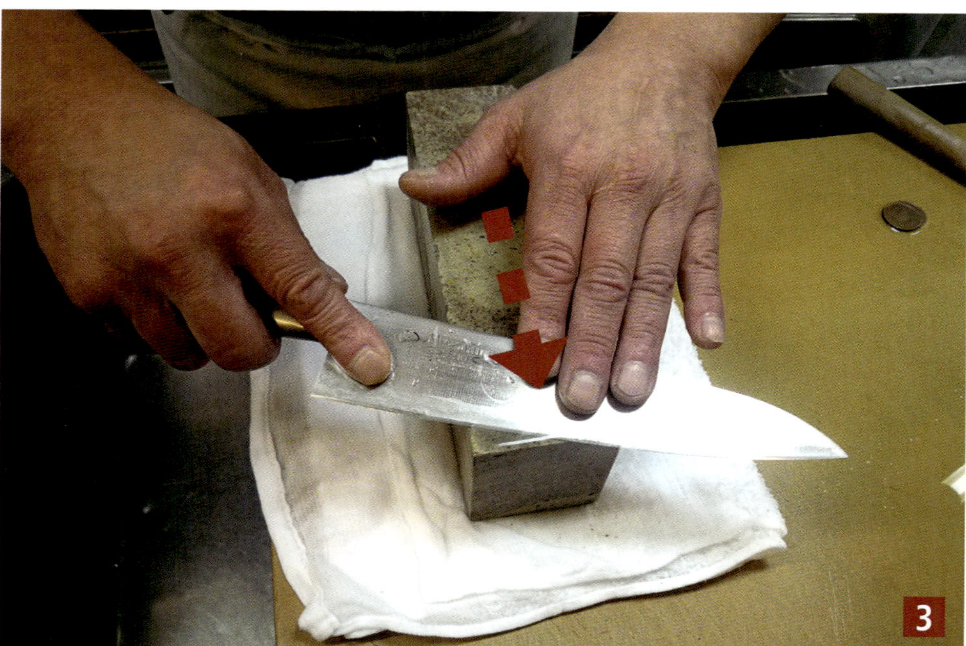

Man beginnt wieder hinten und bearbeitet dann den mittleren und vorderen Bereich.

Bei dieser fast geraden Schneide erfolgt auch die Bewegung nahezu geradlinig.

Grat entfernen: Beim Abziehen wird die Schneide bogenförmig über den Stein gezogen.

Arbeiten Sie mit geringem Druck, und kontrollieren Sie die Gratbildung laufend. Einige wenige Züge sollten genügen. Verfahren Sie ebenso mit dem mittleren Sektor. Der *sori*-Bereich wird wiederum in geradlinigen beziehungsweise leicht bogenförmigen Schubbewegungen geschärft.

Für die Feinbearbeitung verwenden Sie einen Abziehstein der Körnung 6000-10000. Auf diesem werden in gleicher Abfolge wie oben beschrieben Vorder- und Rückseite bearbeitet, bis sich entlang der Schneide ein gleichmäßiger Spiegelglanz ergibt. Der Druck auf die Klinge ebenso wie die Wasserzugabe wird allmählich reduziert. So bildet sich an der Oberfläche des Steins eine aus Abrieb bestehende Schicht, die eine pastenartige Konsistenz hat und polierend wirkt.

Als letzten Bearbeitungsschritt machen Sie ein oder zwei bogenförmige Abziehbewegungen pro Seite. Dazu wird die Klinge am vorderen Ende des Steins im rechten Winkel angesetzt und in einer 90°-Drehung nach hinten gezogen, wobei die gesamte Schneidenlänge berührt wird. Bei diesen beiden letzten Zügen kann man die Klinge etwas steiler (+5°) anstellen. Dadurch wird sichergestellt, dass tatsächlich die Schneidkante bearbeitet wird. Zugleich entsteht eine sehr feine Mikrofase (*koba*).

Führen Sie diese Abziehbewegung analog auf der gegenüberliegenden Klingenseite durch, und prüfen Sie abschließend die Gratfreiheit. Reinigen Sie das Messer mit lauwarmem Wasser. Ölen Sie die Oberfläche (bei nicht rostfreiem Stahl) anschließend leicht mit Kamelienöl ein. Am besten richten Sie die Steine gleich ab, so dass sie für den nächsten Einsatz startklar sind.

Trotz der etwas aufwändigen Beschreibung ist der tatsächliche Zeitaufwand gering. Je nach Klingenlänge sollte man mit etwas Übung nicht mehr als fünf bis zehn Minuten für normales Schärfen und Abziehen eines unbeschädigten Messers benötigen. Für das Abziehen allein reichen ein bis zwei Minuten.

Japanisches Brotmesser

Mit einseitigem Wellenanschliff und flexibler Klinge entspricht das Brotmesser nicht dem klassischen Konstruktionsprinzip japanischer Messer. Aufgrund der speziellen Schärftechnik, die dafür nötig ist, verdient es dennoch eine genauere Betrachtung. Für das Schärfen des Wellenschliffs ist der ebene Blockstein nicht geeignet, da nicht nur die Spitzen, sondern auch die Flanken und Täler der Wellen zu bearbeiten sind. Dazu verwendet man am besten eine feinkörnige Diamantfeile mit rundem Querschnitt, wie sie zum Beispiel vom Hersteller DMT angeboten wird.

Man setzt die flexible Klinge auf eine stabilisierende Unterlage auf und bearbeitet mit der Feile jede einzelne Welle in gleichmäßigen Strichen. Dabei sollte man den werkseitigen Fasenwinkel einhalten. Machen Sie möglichst geradlinige Striche ohne Schaukelbewegungen. Üben Sie nur bei der Schubbewegung Druck aus, nicht beim Zurückziehen.

Richtig ausgeführt, bildet sich auf der (planen) Rückseite über die gesamte Schneidenlänge ein mit der Daumenkuppe spürbarer Grat, der anschließend auf dem Block-Abziehstein (Körnung 6000) in gewohnter Manier beseitigt wird. Dazu setzt man die Klinge im vorgegebenen Fasenwinkel auf und macht Schleifbewegungen in Längsrichtung des Steins.

Für gehobene Ansprüche sollte auch der Wellenschliff selbst einer Feinbearbeitung unterzogen werden. Dazu kann man einen feinkör-

Ganz unjapanisch: Das japanische Brotmesser entspricht mit seiner flexiblen Wellenschliff-Klinge seinen europäischen Verwandten.

nigen, profilierten Wasserstein benutzen, zum Beispiel einen halbrunden Belgischen Brocken oder einen japanischen Multiformstein. Auch ein mit Leder bezogener, profilierter Holzblock ist gut geeignet. Geben Sie etwas Polierpaste darauf und arbeiten Sie von der Schneide weg.

Jede Welle einzeln: Das Schärfen mit der Diamant-Rundfeile ist etwas zeitraubend.

Was die Welle bringt

Warum sind sich Wellenschliffmesser gerade bei krustigen Lebensmitteln vorteilhaft? Das beruht zum einen darauf, dass sich an den Spitzen der Wellen ein erhöhter Druck aufbaut, der die Kruste durchbricht. Zum anderen bewirkt der wellenförmige Verlauf der Schneide eine effektive Verkleinerung des Schneidenwinkels und somit der Schnittkräfte, wie auf Seite 11 erläutert wird.

Abziehen mit dem Leder-Abziehblock: So wird der Wellenschliff richtig scharf.

Tipp:

Einen Abziehblock können Sie aus Hartholz selbst herstellen. Verwenden Sie zum Beziehen nicht zu dickes, relativ hartes Leder, das Sie mit der glatten Seite nach außen im feuchten Zustand aufspannen und verkleben. Am besten eignet sich dazu traditioneller Glutinleim, den es auch in flüssiger Form zu kaufen gibt (zum Beispiel Titebond-Hautleim). Bei einer trockenen Verklebung kann auch Epoxidharzkleber verwendet werden. Der Abziehblock ist darüber hinaus auch für profilierte Werkzeuge (Schnitz- und Drecheisen) sowie auf seiner Planseite für gerade Schneiden (Hobel- und Stecheisen) verwendbar.

Klappmesser *higonokami*

Das *higonokami* besteht aus nur drei Teilen: der Klinge, dem Stahlstift und dem Griff aus gefalztem Messingblech. Higonokami ist eine japanische Markenbezeichnung, die wörtlich übersetzt „Adeliger aus Kami“ bedeutet. Kami ist die historische Bezeichnung der Provinz Kumamoto auf der Insel Kyushu, aus der dieser Messertypus vor über 100 Jahren in die Schneidwarenmetropole Miki gelangte, wo er als Marke registriert und in der Folge von über 50 Werkstätten hergestellt wurde. Heute gibt es in Miki nur noch eine Kleinschmiede, die das unten abgebildete Original produziert. Es ist ein treffliches Beispiel für die „Kunst des Weglassens“.

Dieser Archetyp des Klappmessers war einst in Japan so verbreitet wie bei uns der Bleistiftspitzer, dessen Funktion es unter anderem auch innehatte. Nicht nur die reduzierte, an das japanische Schwert (*katana*) angelehnte Form machen den Reiz dieses Messers aus, sondern auch die noch sichtbaren Spuren der manuellen Herstellung. Nach japanischer Tradition war es nämlich für den Handwerker ein unabdingbares Ritual, sein Schneidwerkzeug nach dem Kauf von eigener Hand gebrauchsfertig zu schärfen.

Bei einem *higonokami* stellt das keine große Herausforderung dar. Die relativ starke, beidseitig angeschliffene Klinge aus Dreilagenstahl ist in

***Higonokami*: Normalgröße (80 mm Klingenlänge) und Miniausführung.**

Hintergrund-Info:
Traditionell arbeitende Stecheisen- und Hobeleisenschmiede in Japan liefern in der Regel keine fertig geschärften Klingen aus. Auch bei Messern gibt es ansatzweise noch diese Gepflogenheit. So besitzen beispielsweise in dem renommierten Messerfachgeschäft Aritsugo in Kyoto alle angebotenen Messer nur einen Grundschliff. Erst wenn sich der Kunde entschieden hat, wird es entsprechend dem beabsichtigten Einsatzzweck fertig geschärft.

einem Schneidenwinkel von etwa 26° (Fasenwinkel 13°) ohne Mikrofase „auf Null" geschliffen. Der Kern aus Blauem Papierstahl garantiert eine hohe Schnitthaltigkeit und gute Schärfbarkeit. Man geht ähnlich wie beim bereits beschriebenen *santoku*-Messer vor. Führen Sie den Griff mit der rechten Hand, der Daumen liegt auf dem Hebel und hält die Klinge offen. Die mittleren Finger der linken Hand liegen nahe an der Schneide auf der Klinge und üben Druck aus. Beginnen Sie mit einem Stein der Körnung 800-1200 und schärfen Sie den hinteren Teil der Klinge in geradlinigen Schubbewegungen.

Halten Sie den vorgegebenen Fasenwinkel exakt ein. Sobald sich ein Grat gebildet hat – einige wenige Züge sollten genügen – schärfen Sie den Spitzenbereich. Machen Sie dabei leicht bogenförmige Schubbewegungen, die dem Verlauf der *shinogi*-Linie folgen. Bearbeiten Sie nun die gegenüberliegende Klingenseite auf die gleiche Weise. Dabei liegt der Zeigefinger der rechten Hand auf dem Öffnungshebel, die Schneide zeigt nach hinten.

Für das Abziehen, das im Ablauf dem Schärfen entspricht, benutzen Sie einen Stein der Körnung 6000-8000. Reduzieren Sie mit zunehmender Oberflächengüte den Druck, bis eine spiegelpolierte, absolut gratfreie Schneide vorliegt. Das Messer dankt Ihnen diesen kleinen Aufwand mit einer verblüffenden Schnittleistung und Standzeit.

Der Blaue Papierstahl ist aufgrund seines Chromgehalts nicht sehr rostanfällig. Dennoch kann ein gelegentlicher Tropfen Öl auf Klinge und Bolzen nicht schaden.

Tipp:
Auch der Rücken der Klinge sollte in einem „Finetuning" geglättet werden. Verwenden Sie dazu eine schmale und feinkörnige Diamantfeile. Auch ein Schleifholz mit Schleifleinen der Körnung 400 ist gut geeignet. Brechen Sie die Kanten mit einer präzisen 45°-Fase (Abrundungen entsprechen nicht der japanischen Ästhetik).

Schärfen des *higonokami*: Zunächst kommt die „linke" Seite an die Reihe, die Züge sind gerade.

Anschließend wird die „rechte" Seite bearbeitet und der zuvor entstandene Grat beseitigt.

Outdoor-Messer

Bei Messern für den Outdoor-Gebrauch liegt das Augenmerk weniger auf der ultimativen Schärfe der Schneide, sondern auf deren Robustheit und Standzeit. Aus diesem Grund weist das hier vorgestellte Messer den für japanische Klingen eher untypischen balligen Anschliff auf, der zusammen mit dem zähharten Blauen Papierstahl für eine hohe Belastbarkeit sorgt. Die „Clip Point"-Form der Klinge mit zur Spitze hin abfallender Rückenlinie nimmt Anleihen beim Bowie-Messer, während der dachförmige Rücken und die freigestellte, hintere Schneidkante typisch japanische Elemente sind. Letztere erleichtert erheblich das Schärfen auf Blocksteinen, da der Handschutz nicht stört.

Der Querschnitt zeigt den symmetrischen, dreilagigen Aufbau (*sanmai*) der Klinge. Die Fasen verlaufen gerade mit einem Winkel von etwa 12°, erst im Bereich der freiliegenden Mittellage ist der Anschliff konvex mit einem Schneidenwinkel von rund 30°.

Häufig wird empfohlen, ballige Anschliffe auf Schleifleinen mit einer elastischen Unterlage zu schärfen. Das birgt jedoch das Risiko der Schneidenabrundung. Zudem besteht die Tendenz, dass durch den elastischen Schleifuntergrund die weichere Eisenschicht verstärkt abgetragen und eine Kuhle erzeugt wird. Dagegen werden mit Wassersteinen geometrisch exaktere Ergebnisse ohne Risiko einer Schneidkantenabrundung erzielt.

Der Ablauf beim Schärfen ist ähnlich wie beim *gyuto*-Messer – mit dem Unterschied, dass jeder Schärfzug mit einer Drehbewegung um die Messerlängsachse kombiniert wird.

Ein wuchtiges Exemplar japanischer Messerschmiedekunst: Outdoor-Messer.

Beginnen Sie mit dem hinteren, geraden Bereich der Klinge, die Sie rechtwinklig zur Schärfsteinlängsachse ansetzen – im vorgegebenen Fasenwinkel, mit der Schneide nach hinten zeigend. Wie gewohnt liegt der Zeigefinger der rechten Hand am Rücken an, die mittleren Finger der linken Hand üben nahe an der Schneide Druck aus.

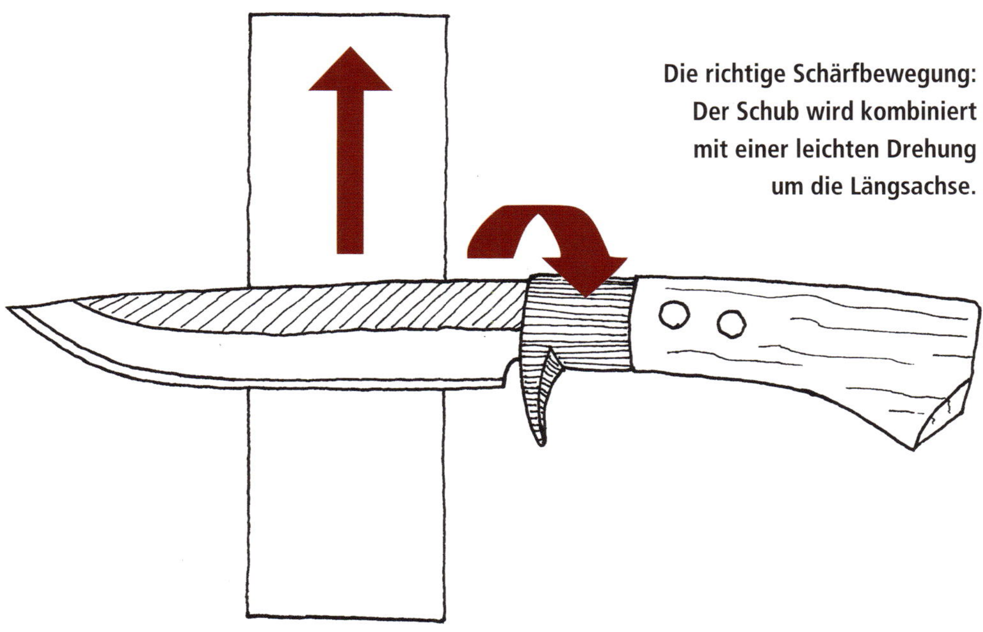

Die richtige Schärfbewegung: Der Schub wird kombiniert mit einer leichten Drehung um die Längsachse.

KLINGENQUERSCHNITT OUTDOOR-MESSER

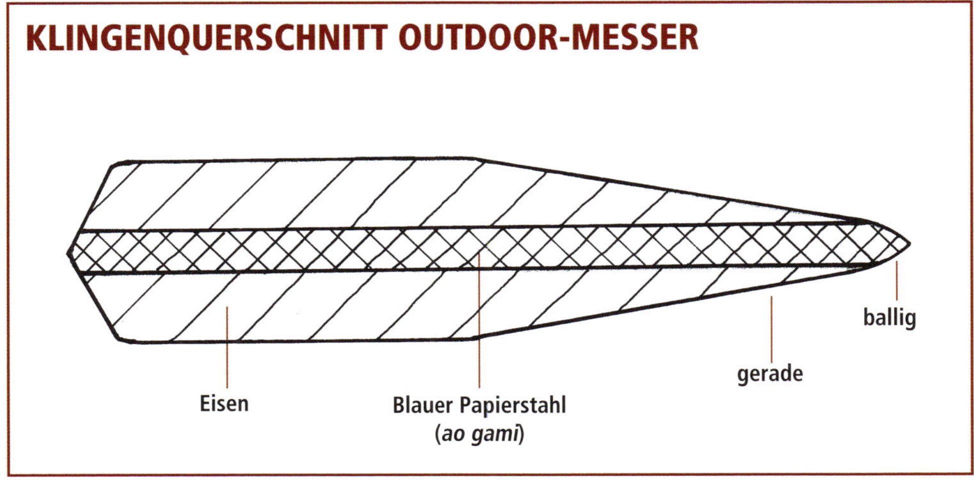

Machen Sie nun Schubbewegungen vom Körper weg über die gesamte Steinlänge, wobei Sie während des Vorschiebens den Anstellwinkel des Messers geringfügig erhöhen, das Messer also mit der rechten Hand leicht um die Längsachse drehen.

Dabei sollte der ballige Anschliff bis an die Schneidkante in Kontakt mit dem Stein kommen und sich eine gleichmäßige Bearbeitungsfläche ergeben. Bei der Kontrolle der Bearbeitungsfläche hilft Ihnen in der Anfangsphase das Schwärzen mit einem Markierstift.

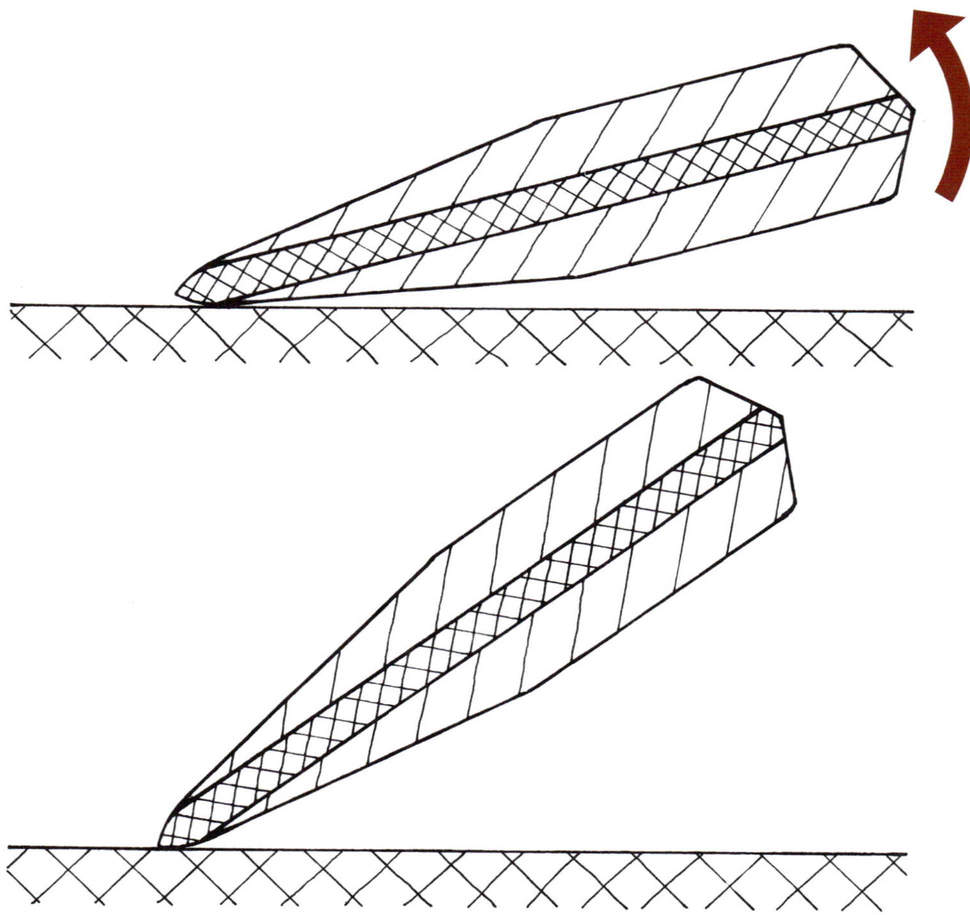

Im Detail: Die Drehbewegung beim Vorschieben (Anfangs- und Endstellung).

Genauso aussagekräftig ist jedoch das Geräusch beim Schärfen. Bei der Drehbewegung wechselt es von einem gleichmäßigen Ton zu einem unangenehmen Kratzgeräusch, wenn man das Messer zu weit aufstellt, also die Schneidkante in Kontakt mit der Steinoberfläche kommt. Sie können das probeweise auf Papier testen.

Nachdem sich durchgehend ein Grat gebildet hat, bearbeiten Sie den Bereich des Bauchs (*sori*) und der Spitze (*kissaki*). Setzen Sie die Klinge wieder im Fasenwinkel auf, und machen Sie leicht bogenförmige Schubbewegungen, entsprechend dem Schneidenverlauf.

Dabei ist es empfehlenswert, den Anstellwinkel pro Schub beizubehalten. Erst beim nächsten Takt wird er leicht erhöht. So wird der ballige Anschliff linienförmig bis an die Schneidkante bearbeitet. Auch hier hilft Ihnen die Markier- und Geräuschkontrolle.

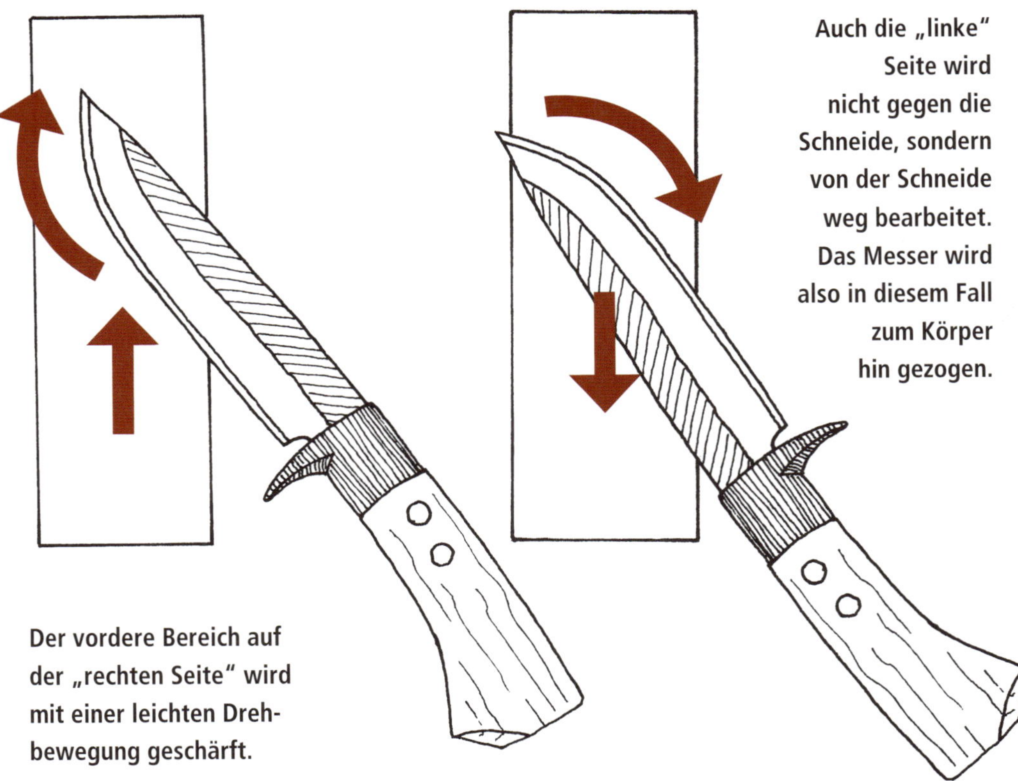

Auch die „linke" Seite wird nicht gegen die Schneide, sondern von der Schneide weg bearbeitet. Das Messer wird also in diesem Fall zum Körper hin gezogen.

Der vordere Bereich auf der „rechten Seite" wird mit einer leichten Drehbewegung geschärft.

Nach der Gratbildung führen Sie dieselben Schritte auf der gegenüberliegenden Klingenseite durch. Nun zeigt der Rücken nach hinten, und Sie machen Zugbewegungen zum Körper hin. Dabei vergrößern Sie gleichzeitig den Anstellwinkel.

Auch der Spitzenbereich wird in einer ziehenden, bogenförmigen Bewegung bearbeitet, bis sich ein durchgehender Grat gebildet hat.

Anschließend führen Sie die Feinbearbeitung auf einem Abziehstein der Körnung 3000-6000 durch. Der Ablauf entspricht dem Schärfen. Verringern Sie mit zunehmender Feinheit der Politur den Druck und die Wasserzugabe. Prüfen Sie zwischendurch mit der Fingerkuppe die Gratbildung. Fahren Sie fort, bis eine völlige Gratfreiheit erreicht ist.

Ölen Sie die Klinge abschließend mit einem säurefreien Öl ein. Richten Sie die benutzten Steine ab. Gratulation, Sie haben hiermit eine der anspruchsvollsten Schärfaufgaben gemeistert!

Alternative Schärfmethoden für Outdoor-Messer

Schleifleinen: Verwenden Sie hochwertiges, dünnes Schleifleinen der Körnung 600 zum Schärfen und 1500 oder feiner zum Abziehen. Legen Sie das Leinen auf eine dünne Gummimatte oder ein Mousepad. Durch Anfeuchten bleibt es haften. Noch besser ist es, das Leinen auf einen Schleifblock mit Gummierung straff aufzuspannen.

Setzen Sie die Klinge im vorgegebenen Fasenwinkel so auf, dass nur die ballige Anschlifffläche Kontakt mit dem Schleifleinen hat. Mit wenig Anpressdruck führen Sie die Klinge wie oben beschrieben in Schubbewegungen, von der Schneide weg, über das Schleifleinen, ohne den Anstellwinkel zu verändern. Das Leinen passt sich der balligen Schneidenkontur an.

Überprüfen Sie den Abtrag und die richtige Winkelposition durch Schwärzen mit einem Markierstift. Variieren Sie den Anpressdruck und/oder den Neigungswinkel, bis sich ein gleichmäßiges Bearbeitungsbild ergibt und sich auf der Gegenseite ein Grat gebildet hat.

Alternativ-Methode: Schärfen auf einem Schleifleinen mit flexibler Unterlage.

So sieht das schematisch aus: Das Schleifmittel passt sich der abgerundeten Schneidenkontur an.

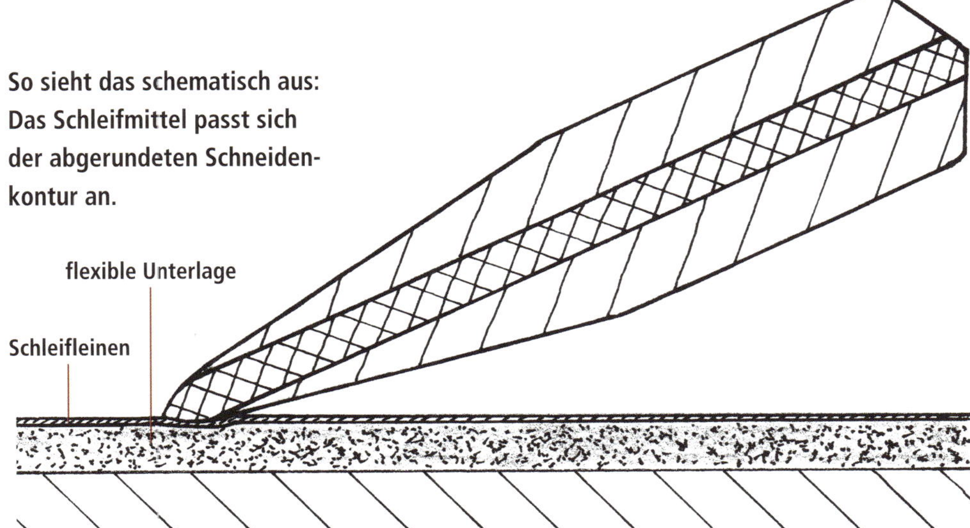

Führen Sie den Schleifprozess im Bereich des Bauchs und der Spitze mit dem gleichen Winkel und Anpressdruck fort, wobei Sie leicht bogenförmige Bewegungen entsprechend der *shinogi*-Linie machen.

Nachdem Sie analog die Gegenseite geschliffen haben, fahren Sie mit der Bearbeitung auf einem feinkörnigeren Leinen fort, bis das gewünschte Ergebnis erzielt ist. Achten Sie stets darauf, nur von der Schneide weg und mit wenig Kraft zu arbeiten, um eine Schneidenabrundung zu vermeiden.

So geht´s auch: Freihändiges Schärfen mit Diamantfeile.

Diamant-Taschenschärfer: Wenn Sie Ihr Outdoormesser beim mobilen Einsatz nachschärfen wollen, empfiehlt sich die Verwendung einer feinkörnigen Diamant-Schärffeile („Taschenschärfer"). Idealerweise hat sie auf den gegenüberliegenden Seiten verschiedene Körnungen. Die feinere sollte zum Abziehen eine Korngröße unter 10 µm aufweisen. Man kann sie trocken benutzen, etwas Wasser verbessert jedoch die Wirkung.

Setzen Sie die Klinge mit dem Rücken auf einer stabilen Unterlage ab, etwa einem Holzklotz, und halten Sie die Position unverändert. Die Schneide weist von Ihnen weg. Bearbeiten Sie nun mit der Schärffeile nur den balligen Bereich des Anschliffs in geschobenen Feilstrichen, wobei die Feile quer oder diagonal zur Längsachse des Messers geführt wird.

Jeder Strich wird mit einer leichten Wippbewegung kombiniert, die der Krümmung des Anschliffs folgt. Üben Sie nur wenig Druck aus, und entscheiden Sie anhand der sichtbaren Schleifspuren, ob das Bewegungsmuster passt. Auf der Gegenseite muss sich ein gleichmäßiger, dünner Grat bilden, der mit der Fingerkuppe spürbar ist. Bearbeiten Sie nun die Gegenseite in gleicher Weise, und führen Sie anschließend dieselben Schritte mit der feineren Körnung durch, bis eine gratfreie Schneide vorliegt.

In gleicher Weise können Sie andere ballig angeschliffene Werkzeuge, wie Äxte, Beile, Macheten oder Spaltmesser, außerhalb der Werkstatt schnell und effizient schärfen.

Reparatur einer beschädigten Klinge

Die am häufigsten vorkommenden Beschädigungen an japanischen Messern sind Ausbrüche (Scharten) an der Schneide, abgebrochene Spitzen, Rostbefall und verbogene Klingen. In solchen Fällen empfiehlt es sich in der Regel, einen professionellen Schärfdienst, der auf Japanmesser spezialisiert ist, in Anspruch zu nehmen (siehe Anhang). Er verfügt über Nassschleifmaschinen und das nötige Knowhow, um größere Defekte zu beheben.

Scharten:
Kleinere Scharten kann man auch selber sanieren. Dabei gehen Sie folgendermaßen vor: Markieren Sie entsprechend der Tiefe der Ausbrüche mit einem wasserfesten Stift eine neue Schneidenlinie. Tragen Sie nun auf einem groben Schleifstein der Körnung 60-220 mit senkrecht stehender Schneide so viel Material ab, bis die Linie erreicht ist und die Scharten bis zum Grund entfernt sind.

Da die herkömmlichen, weichen Wassersteine bei dieser Radikalkur relativ stark leiden, ist die Verwendung eines groben Diamantsteins oder einer wassergekühlten Schärfmaschine vorteilhaft. Anschließend wird die Fasenfläche im vorgegebenen Winkel auf dem groben Stein bearbeitet, bis die Schneide wiederhergestellt ist. Auch hier kann eine wassergekühlte Maschine viel Zeit sparen.

Die neue Anschlifflinie (*shinogi*) muss parallel zur Schneidenlinie (*ha*) verlaufen. Fahren Sie nun wie beim normalen Schärfen auf Steinen mittlerer und feiner Körnung fort. Prüfen und entfernen Sie bei allen Bearbeitungsstufen immer wieder den Grat, der sich auf der Gegenseite bildet.

Material muss abgetragen werden: Die Fasenfläche eines *sashimi*-Messers wird an einer Nassschleifmaschine wieder hergestellt (Aritsugo-Messerfachgeschäft, Kyoto).

REPARATUR VON SCHNEIDENAUSBRÜCHEN

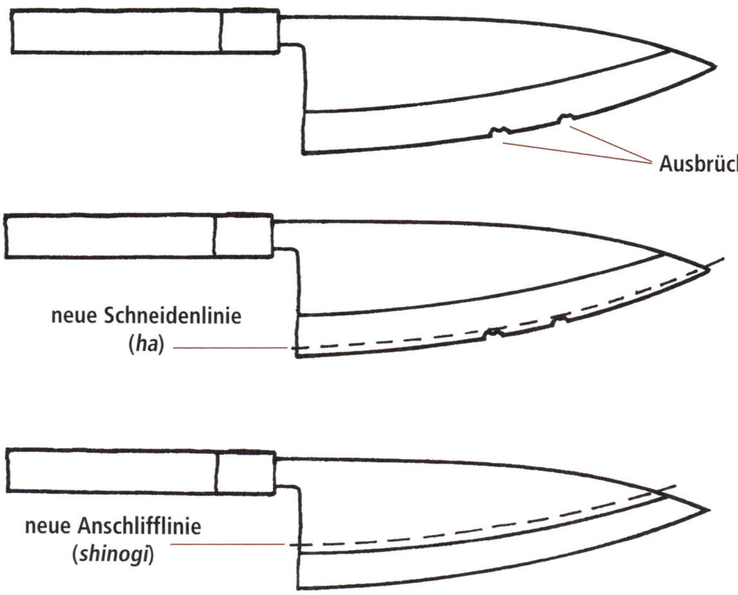

Ausbrüche

neue Schneidenlinie
(*ha*)

neue Anschlifflinie
(*shinogi*)

Scharten werden mit senkrecht auf den Stein aufgesetzter Klinge herausgeschliffen.

Rost:
Defekte an der Schneidkante, die durch Rost oder korrosive Ausbrüche verursacht sind, entfernen Sie auf die gleiche Weise. Flugrost und angelaufene Oberflächen lassen sich am besten mit einem im Fachhandel erhältlichen Rostradierer beseitigen, der in Aufbau und Funktion einem Radiergummi vergleichbar ist. Man bearbeitet im nassen Zustand die betroffene Stelle, bis sie blank ist.

Möglicherweise verbleibende Kratzspuren können mit einer Polierpaste geglättet werden, die man aus dem Abriebpulver eines Abziehsteins und Wasser selbst herstellen kann. Auch käufliche Mittel, zum Beispiel „Gundelputz", sind dafür geeignet. Behandeln Sie damit nicht den Schneidenbereich, und hüten Sie sich vor Schnittverletzungen! Reinigen und ölen Sie abschließend die Klinge.

Hintergrund-Info:
Da Rost nichts anderes ist als wegoxidiertes Eisen, können tiefe Korrosionsnarben nicht spurlos beseitigt werden, auch nicht mit einem chemischen „Rostumwandler".

Flugrost kann entfernt werden: Reinigen einer angelaufenen Klinge mit dem Rostradierer.

So schonen Sie Ihre Japanmesser

Gebrauch

Arbeiten Sie nach Möglichkeit mit ziehendem Schnitt, und vermeiden Sie jede Biegebelastung der Klingen. Verwenden Sie die Klingen nicht zum Schälen, Schaben und Putzen von ungewaschenem Gemüse, an dem sich noch Schmutzreste befinden.

Vermeiden Sie jeden Schneidenkontakt mit harten Materialien, Knochen oder Gefrierkost. Achten Sie darauf, dass die Klingen mehrerer Messer bei Lagerung, Transport oder Reinigung nicht aneinanderstoßen. Verwenden Sie Kohlenstoffstahlmesser nach Möglichkeit nicht für säurehaltige oder salzige Lebensmittel, und konservieren Sie die Klinge gelegentlich mit einem lebensmittelechten, nicht harzenden Öl (kein Olivenöl).

Schneidunterlage

Verwenden Sie nur Holz oder Kunststoff als Schneidunterlage, keinesfalls Glas, Stein oder Keramik. Vermeiden Sie auch verleimte Schneidbretter, deren knochenharte Leimfugen den Schneiden zusetzen. Tropische Hölzer wie Ebenholz, Palisander, Teak oder auch Wurzelholz haben häufig Mineralieneinschlüsse und sind aus diesem Grund als Schneidbretter ebenfalls nicht zu empfehlen.

Aufbewahrung

Bewahren Sie die Messer nicht an Magnetleisten auf. Die Magnetisierung hat zwar keinen direkten Einfluss auf die Schärfe, sie ist jedoch beim Nachschärfen hinderlich, da die Abriebspäne an der Klinge haften bleiben. Bei der Aufbewahrung im Messerblock ist darauf zu achten, dass die Messer nicht auf den Schneiden liegen und das Holz säurefrei ist (keine Eiche). Die simpelste Lösung ist nicht selten die beste – der japanische Koch schlägt seine Messer einfach in ein Baumwolltuch ein.

Reinigen

Reinigen Sie die Klingen mit lauwarmen Wasser und etwas Spülmittel. Niemals in die Spülmaschine geben!

Schnitttests

Machen Sie keine artfremden Schnitttests. Das weit verbreitete Rasieren des Unterarms ist bei Kochmessern nicht nur unästhetisch, sondern zumindest für Kohlenstoffstahlklingen wegen des Säuremantels der Haut auch schädlich. Auch Papier ist aufgrund des enthaltenen mineralischen Staubs kein geeignetes Testmedium. Am aufschlussreichsten ist immer noch die Dünnschnitt-Prüfung an einem weichen Lebensmittel, zum Beispiel an einer reifen Tomate oder einem Pilz.

Häufig schärfen

Halten Sie Ihre Klingen scharf! Das macht nicht nur die Arbeit leichter, sondern schont auch die Schneiden, da weniger Druck erforderlich ist. Bei geringem Verschleiß genügt meist ein Abziehen auf einem Stein der Körnung 6000-8000, was nicht länger als ein bis zwei Minuten dauert.

Keine Abziehstähle

Abziehstähle, Keramikstäbe sowie mechanische Messerschärfer aller Art sind für traditionelle *hocho* ungeeignet und ruinieren in aller Regel die Schneide!

Keine Überhitzung

Klingen japanischer Messer dürfen keinen Temperaturen über 200° C ausgesetzt und deshalb keinesfalls an trocken laufenden Schärfmaschinen geschärft werden. Auch Kontakt mit Feuer, sehr heißem Fett und ähnlichem ist zu vermeiden.

Der japanische Schwertpolierer (*togishi*)

Nach japanischer Auffassung ist die Ausübung eines Handwerks ein lebenslanger Weg des Lernens, geprägt von dem Bemühen nach Perfektion. Je mehr man sich darin vertieft, umso faszinierender wird das Thema. In diesem Sinne ist es auch für den Messerschleifer eine wertvolle Bereicherung, wenn er in das Handwerk des Schwertpolierers Einblick nehmen kann, das wie kein zweites die Kunst des Schärfens verfeinert hat.

Das japanische Schwert (*katana* ist das Langschwert, *wakizashi* das Kurzschwert und *nihonto* der Überbegriff für japanische Schwerter) ist nicht nur Kultobjekt, sondern auch technisches und formales Vorbild für das *hocho*. Ein neues Schwert (*shinsakuto*) entsteht in enger Zusammenarbeit zwischen dem Schmied (*katana kaji*), der die Form vorgibt und dem Polierer (*togishi*), der sie vollendet und das Innenleben des Stahls zur Entfaltung bringt.

In typischer Haltung: Der Schwertpolierer Katsuyuki Sekiyama bei der Arbeit.

Nach siebenjähriger Lehrzeit bei dem berühmten Polierer Hitoaki Manazu hat sich der 1982 geborene Katsuyuki Sekiyama in Nara als einer von landesweit etwa 300 lizensierten Schwertpolierern niedergelassen. Er befasst sich sowohl mit der Politur neuer, vom Schwertschmied angefertigter Klingen, wofür er durchschnittlich zwei bis drei Wochen benötigt, als auch mit dem Aufpolieren und Restaurieren historischer Klingen, was je nach Zustand und Wert auch wesentlich länger dauern kann.

Gerade einmal zwei mal zwei Meter groß ist das Podest, auf dem er seinem Beruf nachgeht – in einer Methode, die sich seit 800 Jahren kaum verändert hat. In hockender Position, den Schleifstein mit dem rechten Fuß über ein gebogenes Holz in der Halterung niederdrückend, bearbeitet er in rhythmischen Bewegungen die Klinge. Der Prozess unterteilt sich grundsätzlich in die Formgebung, bei der mit eher groben Natur- und Kunststeinen die vom Schmied vorgegebene Form ausgearbeitet wird, und die eigentliche Politur, bei der ausschließlich mit Natursteinen die Oberfläche geglättet, die Klinge geschärft und die Stahlstruktur hervorgehoben wird.

Hier wird die Spitze eines Schwerts auf dem *arato*-Stein grob bearbeitet.

Man unterscheidet im Wesentlichen folgende Arbeitsschritte:

1. Formgebung auf groben und mittleren Blocksteinen, überwiegend vom Typ *arato* und *binsui*. Die Klinge wird in Längsrichtung über den Stein bewegt, die rechte Hand führt die Klinge, die linke übt mit dem Ballen bei der Schubbewegung Druck aus. Bei der Bearbeitung der Fasen führt der Meister die Klinge rechtwinklig (*kiri*), bei der Bearbeitung der Seitenflächen und Rückens diagonal (*sugi*) zur Steinlängsachse. Die Steine für die Seitenflächen und Fasen sind breit und flach, die für den Rücken im Querschnitt leicht gewölbt. Die Spitze (*kissaki*) wird in kurzen Schleifzyklen auf dem planen Stein abgesetzt. Selbstverständlich folgt ein guter *togishi* den formalen Vorstellungen des Schmieds. Zugleich bemüht er sich, die jeweilige Klinge im Charakter zu vollenden. Dabei ist es zwingendes Gebot, nicht mehr als das Notwendigste an Material abzutragen.
2. Glätten der Oberfläche auf *kaisai-* und *chu-nagura-*Natursteinen. Mit kurzen, schaukelförmigen Bewegungen quer zur Steinlängsachse (*tatsu-osku*) werden die Bearbeitungsspuren der groben Steine herausgeschliffen.

Die Stahlstruktur wird sichtbar gemacht: Politur mit *hazuya*-Stein unter dem Daumen.

3. Die Feinbearbeitung auf dem *uchigumori*-Blockstein folgt erneut einem anderen Bewegungsmuster. Die Klinge wird nun diagonal zum Stein gehalten und in Schneidenlängsrichtung mit wenig Druck geschoben oder gezogen, wobei die Stahlstruktur und die Härtelinie (*hamon*) hervortritt.
4. Die weiteren Politurschritte haben den Zweck, die Oberfläche klarer zu machen, um Einblick in das Innenleben der Klinge zu gewähren und die Handschrift des Schmieds zu offenbaren. Dazu gehören nicht nur der Verlauf der Härtelinie, sondern auch die Textur des Gefüges (*hada*) und der gefalteten Stahlschichten, die für den jeweiligen Schmied charakteristisch sind. Bei diesem Prozess wird die Klinge nicht mehr über den liegenden Stein geführt, sondern mit kleinen, auf der Daumenkuppe platzierten *hazuya*- und *jizuya*-Plättchen bearbeitet.

Die Plättchen werden aus *uchigumori*- oder *narutaki*-Steinen gespalten, sehr dünn ausgeschliffen und teils auf Papier aufgeklebt. Zur Politur der Spitze verwendet der Meister eine dünne *uchigumori*-Platte, die auf einem federnden Lamellen-Holzblock aufliegt.

Die Härtelinie *hamon* wird herausgearbeitet: Politur der Spitze auf dem *uchigumori*-Stein.

5. Um die Kontraste zu steigern und den *hamon* hervorzuheben, wird nun die Oberfläche der *nugui*-Politur unterzogen. Das Poliermittel wird durch feines Zerreiben von Schmiedezunder unter Zugabe von Öl gewonnen und mit einem Wattebausch aufgetragen, wobei sich die *shinogi*-Fläche und der Rücken dunkel färben.
6. Beim abschließenden *migaki*-Prozess wird mit dem *ibota*-Baumwolltuchspender eine Mischung aus Wachs und Hornpulver als Polier- und Schmiermittel aufgetragen. Selbst das Ausscheidungssekret von Ameisen kommt angeblich hier zum Einsatz, die Mixtur ist Betriebsgeheimnis des jeweiligen *togishi*. Dann wird die Oberfläche mit der Stahlnadel geschlossen und zu einem Spiegelglanz poliert. Der Schneidenbereich bleibt davon ausgespart.

Erst wenn die perfekte Symbiose aus äußerer Schönheit und innerem Charakter gefunden ist, gibt sich der Schwertpolierer mit seiner Arbeit zufrieden.

Mühevolle Arbeit: Politur des Spiegels (*hisa*) mit der Stahlnadel (*migaki*).

Ein klares Gefügebild und eine scharf abgesetzte Spitze zeigen eine gute Politur.

STAHLKUNDE

Stahl ist eine sogenannte „Knetlegierung“, also eine durch Schmieden oder Walzen formbare Eisenlegierung, die durch den Gehalt von 0,2% bis 1,7% Kohlenstoff härtbar ist. Wie bei allen Metallen handelt es sich bei Stahl um einen kristallinen Werkstoff. Seine Matrix, man spricht auch von Gefüge, besteht aus homogenen Kristalliten, die man auch als Körner bezeichnet.

Die Eigenschaften eines Stahls werden ganz wesentlich durch die mittlere Korngröße bestimmt: Kleine Körner ergeben ein homogenes Gefüge mit guten mechanischen und chemischen Eigenschaften (Bruchfestigkeit, Kerbschlagzähigkeit, Korrosionsbeständigkeit, mögliche Schärfe und Standzeit bei Schnittstählen). Eine Verfeinerung des Korns lässt sich durch Zugabe bestimmter Legierungselemente sowie durch sogenanntes Normalglühen, das Härten und bei bestimmten Stählen auch durch eine Tieftemperaturbehandlung erzielen.

Japanische Handwerker arbeiten im Sitzen: Messerschmied an der bodennahen Esse.

Einen wesentlichen Einfluss auf die Gefügequalität hat die Umformtechnik. Durch ein sorgfältiges Schmieden bei nicht zu hohen Temperaturen wird das Gefüge homogener, zudem kann eine Textur (manchmal wird dafür der technisch nicht zutreffende Begriff „Faserstruktur“ benutzt) erzeugt werden. Das heißt, das Gitter (die kristalline Stuktur) wird der Beanspruchung entsprechend ausgerichtet. Nicht ohne Grund werden hochwertige japanische Klingen auch heute noch überwiegend manuell am Federhammer und Amboss geschmiedet.

Nur die einfühlsame Hand eines erfahrenen Messerschmieds erlaubt jene Gratwanderung zwischen maximaler Verformung und minimal zulässiger Temperatur, die zu hervorragenden Ergebnissen führt. Ein zusätzlicher positiver Effekt lässt sich durch ein Kalthämmern und die dadurch bewirkte Kaltverfestigung erzielen – ein Bearbeitungsschritt, der aufgrund der hohen Bruchgefahr nur von sehr erfahrenen Schmieden praktiziert wird.

Stahlarten

Stahl, der nur Kohlenstoff (0,2% - 1,7%) enthält oder nur wenig legiert ist, wird als **Kohlenstoffstahl** bezeichnet. Dieser klassische Stahl für Schneidwerkzeuge ist nicht rostfrei. Beim Härten bildet er ein feines Martensit-Gefüge aus, das eine hohe Schärfe ermöglicht. Unter Martensit versteht man eine Gitterformation des Stahls, die durch rasches Abschrecken beim Härten gebildet wird und die für die Härte entscheidend ist. Bis zu einem Kohlenstoffgehalt von 0,8%, dem sogenannten Eutektikum, werden die Kohlenstoffatome vollständig in das Gitter eingebaut. Bei höherem Kohlenstoffstahlgehalt (übereutektischer Stahl) wird ein Teil des Kohlenstoffs zur Bildung von Karbiden herangezogen.

Nahezu alle hochwertigen japanischen Schnittstähle werden von Hitachi Heavy Metals in der traditionellen Stahlmetropole Yasugi hergestellt, nach der sie auch benannt sind (YSS, Yasugi Special Steels). Die klassischen Kohlenstoffstähle kommen unter dem Markennamen *Shiro Gami* (Weißes Papier) oder in niedrig legierter Version als *Ao Gami* (Blaues Papier) in den Handel. Sie sind bezeichnet nach der Farbe des Verpackungspapiers.

Beide Stahlsorten weisen einen sehr hohen Kohlenstoffgehalt von 1,2% auf und härten rein martensitisch aus (viele Messerstähle enthalten neben Martensit auch noch Austenit, eine wesentlich weichere Gefügemodifikation). Ihre herausragende Eigenschaft ist die hohe strukturelle Reinheit, bedingt durch die Gewinnung aus Eisensand, und damit eine hohe Standfestigkeit selbst bei sehr dünn ausgeschliffenen Schneiden. Fein verteilte Eisenkarbide unterstützen zusätzlich die Schnitthaltigkeit.

Da hoch gehärteter Kohlenstoffstahl (über 60 HRC) relativ spröde ist, wird er bei japanischen Klingen in der Regel mehrschichtig, als Laminat (*kasumi*) verarbeitet. Das obere Bild auf der rechten Seite zeigt den Unterschied zwischen der feinkörnigen martensitischen Struktur des *Shiro Gami* im Vergleich zum grobkörnigen Eisen bei einer zweilagigen Klinge. Die im unteren Bild (in stärkerer Vergrößerung) erkennbare nadelige, ungerichtete Ausbildung der Martensit-Kristalle ist die Voraussetzung für eine geschlossene und möglichst glatte Schneidkante.

Durch Zugabe von Legierungselementen wie Chrom, Molybdän, Kobalt, Vanadium etc. werden die Eigenschaften des Stahls beeinflusst. Man spricht dann vom **legierten Werkzeugstahl**. Viele dieser Metalle bilden mit dem Kohlenstoff Karbide – sehr harte Partikel, die in der kristallinen Matrix wie Fremdkörper eingelagert sind. Wenn die Karbide klein genug, gleichmäßig verteilt und in der Matrix fest eingebunden sind, können sie die Verschleißfestigkeit einer Schneide deutlich verbessern. Sie wirken an der Oberfläche wie eine schützende Mikroverzahnung. Wenn sie jedoch zu groß oder ungleich verteilt sind, können sie durch ihre Kerbwirkung zu Schneidenausbrüchen (Scharten) führen oder sogar das Risiko eines Klingenbruchs erhöhen. Dieses Problem wird umso deutlicher, je dünner die Schneide ausgeschliffen wird. Eine feine und gleichmäßige Karbid-Verteilung ist deshalb sehr wichtig. Sie ist abhängig von der Zusammensetzung des Stahls, der Wärmebehandlung und Umformung.

Das Bild auf Seite 106 oben zeigt die feine Verteilung von Wolframkarbiden einheitlicher Größe in dem niedrig legierten Stahl *Ao Gami* (C=1,2%, W=1,8%, Cr=0,4%). Dagegen besitzt der rostfreie, hoch

Querschnitt durch eine Zwei-Lagen-Klinge (130-fache Vergrößerung):
links *Shiro Gami* (*hagane*-Schicht), rechts reines Eisen (*jigane*-Schicht).

Dichter Nadelwald: Feinste, ungerichtete Martensit-Nadeln beim *Shiro Gami* (1300-fache Vergrößerung).

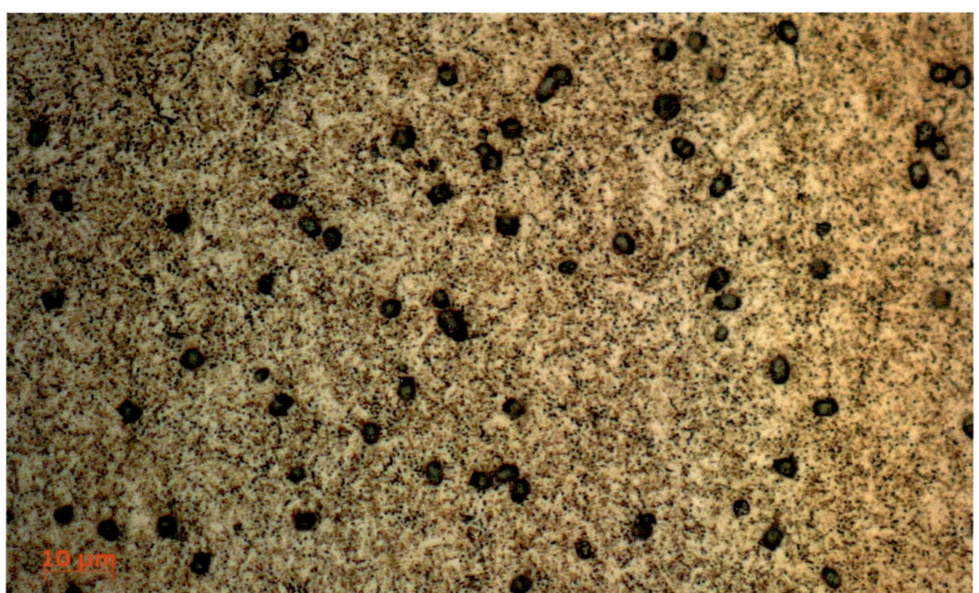

Vorteilhaft: Kleine, kugelige Wolframkarbide einheitlicher Größe in der martensitischen Matrix von *Ao Gami*, gehärtet und angelassen (1300-fache Vergrößerung).

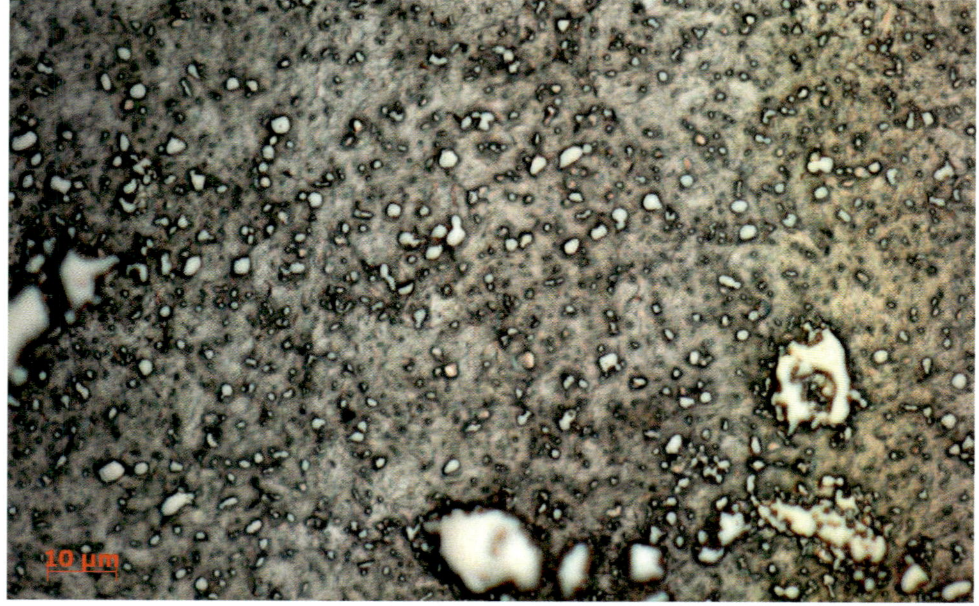

Ungünstig: Ungleichmäßige Ausscheidungen bei einem hochlegierten, rostfreien Stahl Hitachi *Gin Gami* (Silber Papier), gehärtet und angelassen (1300-fache Vergrößerung).

chromhaltige Stahl *Gin Gami* (C=0,9%, Cr=16,0%, Mn=0,6%, Mo=0,4%) mit gröberen Karbid-Ausscheidungen in ungleichmäßiger Verteilung ein ungünstigeres Schärf- und Standverhalten (Bild Seite 106 unten).

Für Messerklingen kommen auch zunehmend pulvermetallurgisch hergestellte **PM-Stähle** zum Einsatz. Zu deren Herstellung wird Stahlschmelze durch Versprühen in Pulver verwandelt und anschließend mit hohem Druck heiß-isostatisch verpresst (gesintert). Der Vorteil ist, dass man bei der Zusammensetzung freier als beim Legieren im flüssigen Zustand ist, da man durch die besondere Abkühltechnik die üblichen Entmischungsprozesse vermeidet. Man erreicht hohe Härtegrade (bis 70 HRC) bei guter Zähigkeit und Warmfestigkeit sowie eine gleichmäßige Karbidverteilung. Die kristalline Struktur der PM-Stähle ist jedoch trotz ständiger Weiterentwicklung noch relativ grob und heterogen, wie man an den Gefügebildern des „Hochleistungsstahls“ SG-2 (C=1,3%, Cr=15,0%, Mo=3,0%, V=2,0%) ablesen kann (Bilder unten).

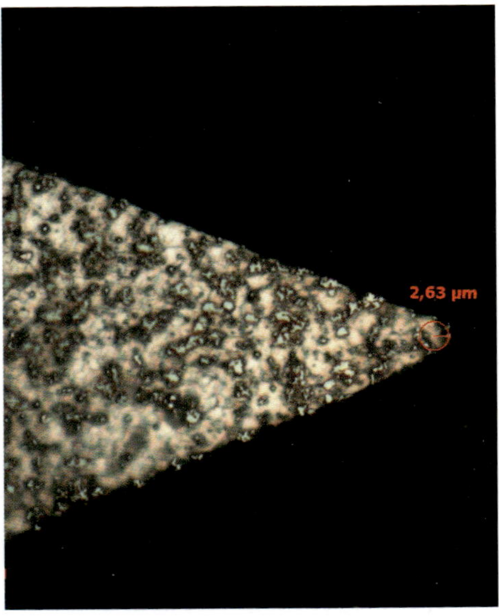

Schliff durch eine Messerspitze aus pulvermetallurgisch hergestelltem SG-2-Stahl: Man sieht das relativ grobkörnige, heterogene Gefüge. Im rechten Foto erkennt man an der Spitze einen interkristallinen Ausbruch (800-fache bzw. 1600-fache Vergrößerung).

Die Legierungselemente

Chrom (Cr)

Durch Bildung von Chromkarbiden wird die Schnitthaltigkeit und Verschleißfestigkeit erhöht sowie die Härtbarkeit verbessert. Bis 11% Gewichtsanteil wird Chrom zur Ausbildung von Chromkarbiden „verbraucht", darüber dient es als Korrosionsschutz. Ab etwa 13% Chromanteil gelten Stähle als „rostfrei". Besser wäre es, von „rostträge" zu sprechen, da zum Beispiel in der Spülmaschine oder bei Kontakt mit Salzwasser oder Säuren durchaus Korrosion auftreten kann. Geben Sie daher auch „rostfreie" Messer nie in die Spülmaschine!

Die Korrosionsanfälligkeit und Bruchgefahr steigen mit zunehmender Härte. Rostfreie Stähle sind deshalb selten über 60 HRC gehärtet. Hohe Chromanteile können zudem den Schärfprozess erschweren, da sie den Schleifstein „zuschmieren" und eine starke Gratbildung bewirken.

Mangan (Mn)

Verbessert die Härtbarkeit (Härtetiefe), die Zugfestigkeit, die Schmiedbarkeit und Schweißbarkeit.

Molybdän (Mo)

Verbessert die Feinkörnigkeit und verringert die Sprödigkeit bei legierten Stählen. Starker Karbidbilder, erhöht die Verschleißfestigkeit und Zähigkeit. Bei rostfreien Stählen verbessert Molybdän die Korrosionsbeständigkeit.

Vanadium (V)

Starker Karbidbilder, erhöht die Anlasstemperatur und damit die Warmfestigkeit. Verfeinert das Korn, verbessert die Schweißbarkeit bei höher legierten, härtbaren Stählen.

Nickel (Ni)

Verbessert die Zähigkeit sowohl im hohen als auch im tiefen Temperaturbereich. Ab 7% Ni zusammen mit mindestens 13% Cr entstehen rein austenitische, säurefeste und unmagnetische Stähle. Da Nickel jedoch der Martensitbildung und Feinkörnigkeit entgegenwirkt, wird es bei Schnittstählen kaum eingesetzt.

Kobalt (Co)
Dient der Kornverfeinerung und Erhöhung der Warmfestigkeit, bevorzugt bei HSS-Stählen, für Messerstähle weniger relevant. Bildet keine Karbide.

Wolfram (W)
Bildet sehr harte Karbide, erhöht die Warmfestigkeit, bevorzugt bei HSS-Stählen eingesetzt.

Verunreinigungen
Leider kommen im Stahlgefüge auch unerwünschte Elemente vor. Als Verunreinigungen gelten vor allem Aluminium (Al), Schwefel (S) und Phosphor (P), die eine starke Affinität zu Eisen haben und nur schwer aus der Schmelze zu entfernen sind. Schon geringste Anteile führen zur Versprödung des Stahls. Eine hohe metallurgische Reinheit (weniger als 0,03% Phospor plus Schwefel) gilt deshalb als wesentliches Qualitätskriterium für hochwertigen Schnittstahl.

Was passiert beim Härten?

Um Stahl zu härten, wird er auf eine bestimmte Temperatur erhitzt (die sogenannte Umwandlungstemperatur, je nach Stahltyp 750°-1050°) und dann in einem Medium (Öl, Wasser oder Luft) abgeschreckt. Dabei wird die bei erhöhter Temperatur vorliegende Gitterstruktur (Modifikation) gleichsam „eingefroren“. Es kommt zu Eigenspannungen im Gitter, die zu einer höheren Härte des Stahls führen.

Zugleich bewirkt das Abschrecken eine Verfeinerung des Gefüges, da die einzelnen Kristalle durch das Abschrecken wenig Zeit zum Wachsen haben. Allerdings nimmt mit zunehmender Härte die Zähigkeit des Stahls (Duktilität) ab. Gleich nach dem Abschrecken ist er deshalb in der Regel zu spröde, um zum Beispiel als Messerklinge Verwendung zu finden. Deshalb erhitzt man die Klinge anschließend erneut, jedoch unter exakt kontrollierten Bedingungen (180°-300°, gehalten über eine definierte Zeit). Bei diesem Prozess, den man „Anlassen“ nennt, kann der gewünschte Härtewert genau eingestellt werden. In der Regel ist er ein Kompromiss zwischen Härte und Zähigkeit.

Beim Nachschärfen einer Klinge – vor allem auf elektrischen Schleifmaschinen – muss man darauf achten, dass die Temperatur nicht zu hoch wird. Wenn die Schneide überhitzt wird, verringert sich die Härte (der Stahl „glüht aus“).

Bei höher legierten Stählen (Schnellschnittstähle, HSS) kann durch eine spezielle Wärmebehandlung die Ausscheidung von Sonderkarbiden und damit eine sogenannte Sekundärhärtung herbeigeführt werden. Solche Stahlsorten vertragen Temperaturen bis zu 600°C ohne Härteverlust, sind jedoch relativ grobkörnig.

Die Härteprüfung

Die Härte wird bei Schnittstählen in der Einheit Rockwell C (HRC) angegeben. Dieser Wert wird ermittelt, indem ein mit zehn Kilogramm belasteter Diamantkegel aufgesetzt und die Eindrucktiefe gemessen wird. Übliche Werte sind 50-55 HRC für einfache Universalmesser, 56-58 HRC für Outdoor-Messer, 59-62 HRC für japanische Kochmesser, 63-65 HRC für HSS-Stähle und 66-70 HRC für Hartmetalle (gesintert).

Dabei muss man wissen, dass bei der Härteprüfung immer nur die Härte der Matrix gemessen wird, nicht jedoch die Härte der eingelagerten Karbide. Diese Art der Härtemessung ist außerdem im Schneidenbereich meist nicht durchführbar. Hier kann die Härte nur durch eine (aufwändige) Mikrohärteprüfung oder näherungsweise mit einer Härteprüffeile bestimmt werden.

Verformung und Bruch

Entscheidend für das Verständnis von Verschleißprozessen bei Schneiden und für die Vorgänge beim Schärfen ist ein Grundwissen um das Verhalten des Werkstoffs Stahl bei Belastung. Stahl dehnt sich bis zu einer bestimmten Beanspruchung elastisch: Eine Probe im Zug- oder

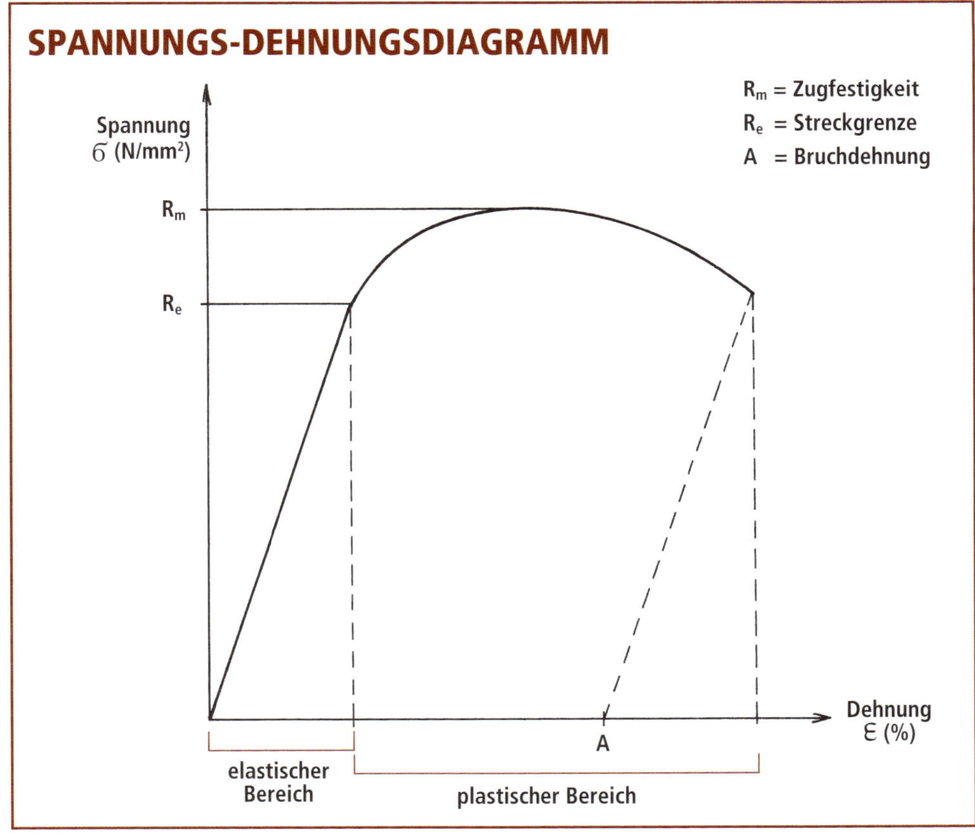

Nur im elastischen Bereich bis zur Streckgrenze kehrt eine Klinge in die Ausgangsform zurück. Bei höheren Belastungen verformt sie sich dauerhaft (plastischer Bereich) oder bricht.

Biegeversuch nimmt nach Entlastung wieder die ursprüngliche Form an. Diese Belastungsgrenze wird im Spannungs-Dehnungsdiagrammm als Streckgrenze bezeichnet.

Bei höherer Belastung verformt sich der Stahl bleibend, um schließlich nach Überschreiten der Zugfestigkeit zu brechen. Die bleibende Dehnung bis zum Bruch nennt man die Bruchdehnung. Dabei gelten folgende Zusammenhänge:

1. Die Streckgrenze ist umso höher, je höher die Härte des Stahls ist.

2. Die Bruchdehnung ist umso geringer, je höher die Härte des Stahls ist. Man spricht in diesem Fall auch von einer geringen Duktilität.

Bei Werkzeug- oder Messerklingen bewegt man sich normalerweise im elastischen Bereich des S/D-Diagramms. Verschleiß ebenso wie Versagen der Schneide ist nichts anderes als eine Überschreitung der Streckgrenze und damit eine bleibende (mikro- oder makroskopische) Verformung beziehungsweise ein Bruch, je nach Duktilität des Werkstoffs.

Was passiert beim Schärfen?

Beim Schärfen auf Wassersteinen wird mit dem Schleifmittel Material abgetragen. Es handelt sich genau genommen um einen Zerspanungsvorgang, bei dem der Stahl lokal über die Streckgrenze hinaus belastet wird. Mikroskopisch betrachtet ergeben sich an der Schneide zwei bemerkenswerte Effekte:

1. Gratbildung: Beim Abscheren der Späne tritt zugleich eine bleibende plastische Verformung an der Schneide auf, es bildet sich ein Grat (jap. *kaeri*). Die Gratbildung ist umso ausgeprägter, je höher die Duktilität des Stahls, je stärker der Abtrag und je höher der beim Schärfen angewandte Druck ist. Aber auch bei sehr feinkörnigen Schleifsteinen und geringem Druck wird noch ein minimaler Grat aufgeworfen, selbst wenn er visuell und manuell nicht mehr wahrnehmbar ist.

Bis auf wenige Ausnahmen (zum Beispiel Ziehklingen) ist die Gratbildung eine ebenso unerwünschte wie unvermeidbare Nebenerscheinung

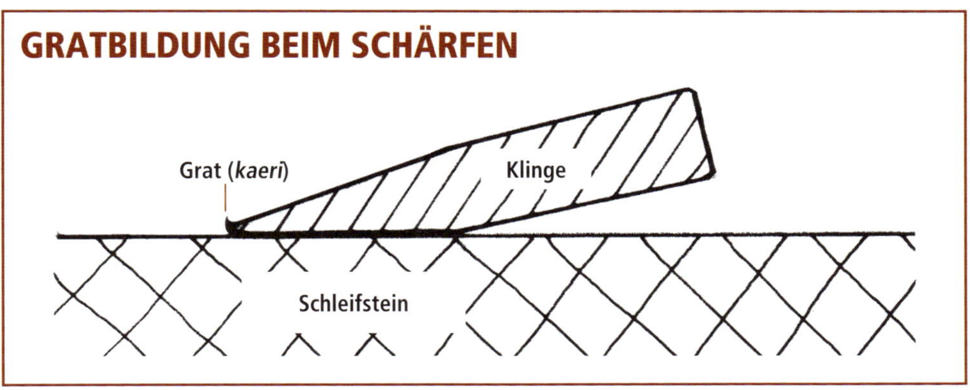

beim Schärfen. Ein sorgfältiges Entgraten nach dem Schärfen, im allgemeinen als „Abziehen“ bezeichnet, ist entscheidend für die Standzeit und Schärfe einer Schneide.

2. Mikroverzahnung: Wie fein der Stein auch ist – wir bekommen bei der Bearbeitung nie eine perfekt glatte, sondern immer eine mikroskopisch mehr oder minder raue Schneidkante. Diese „Mikroverzahnung“ hängt einerseits von der Körnigkeit des Steins, andererseits von der Kristallstruktur des Stahls ab. Die Schneide sieht also schematisch wie in der Skizze unten links aus.

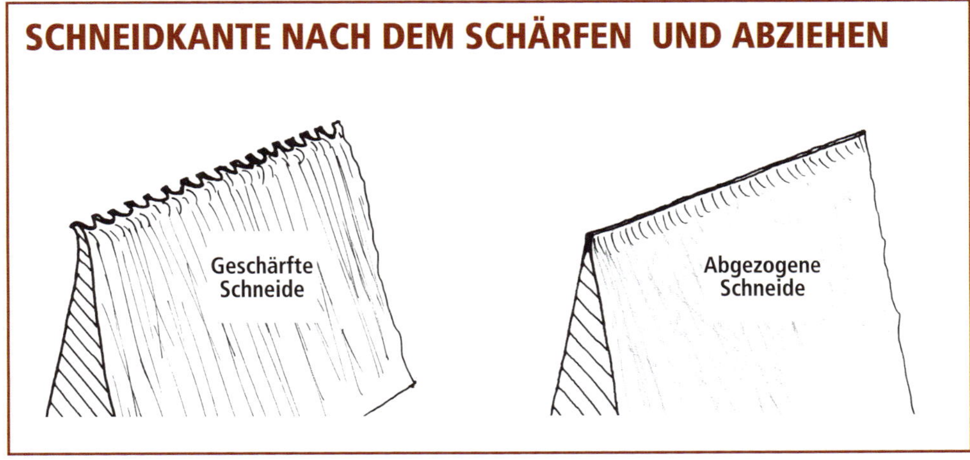

Was passiert beim Abziehen?

Die beim Schärfen gebildete Mikroverzahnung so gut wie möglich zu glätten und zugleich den vorhandenen Grat aufzustellen, ist das Ziel beim Abziehen. Die häufig empfohlene Anwendung eines Leder-Streichriemens oder eines Streichstahls reicht dazu nicht aus, weil dabei kein Abtrag erfolgt. Um die Schneide zu glätten, müssen wir erneut ein Schleifmittel einsetzen. Wir verwenden dazu am besten einen feinkörnigen Abziehstein. Mit ihm wird zum einen die Rautiefe an der Schneidkante verringert. Zum anderen wird durch eine geeignete Abziehbewegung am Schluss des Prozesses der noch vorhandene Mikrograt aufgerichtet.

Abziehen mit Leder?

Zum Abziehen von Messer- und Werkzeugklingen wird häufig Leder benutzt, in Form von Streich- oder Stoßriemen, als Scheiben, mit oder ohne Polierpaste. Dabei ist Folgendes zu beachten:

- Blankes Leder hat keinen abtragenden Effekt, es richtet also den vorhandenen Grat nur auf (ähnlich wie ein Abziehstahl). Die Mikroverzahnung des vorherigen Bearbeitungsprozesses bleibt unverändert. Das Abziehen an Leder ist also nur sinnvoll, wenn vorher bereits eine Feinbearbeitung auf einem feinkörnigem Schleifmittel (Stein) erfolgt ist.
- Leder in Kombination mit Schleifpaste trägt zwar ab und glättet die Schneidkante bis zu einem gewissen Grad. Durch die Flexibilität des Leders ist jedoch der Abtrag an den Zahnspitzen nicht so effizient wie bei der Verwendung eines Schleifsteins. Schleifpasten bestehen in der Regel aus einer Wachsmatrix mit eingelagerten Schleifpartikeln. Das Problem ist, dass deren Körnung meist nicht genau bekannt oder nicht konsistent ist. Zudem ist es schwierig bis unmöglich, das Leder von darauf haftenden Schleifpartikeln zu reinigen, um es zum Beispiel für ein feineres Poliermittel zu verwenden.
- Die Flexibilität und Nachgiebigkeit des Leders wird oft als Vorteil angesehen, da es sich der Schneidenkontur anpasst. Bei hohen Ansprüchen kann sie jedoch, mikroskopisch betrachtet, auch von Nachteil sein, da sie zu einer Abrundung einer schon fein ausgeschliffenen Schneidkante führen kann.

Zusammenfassend kann man sagen, dass das Abziehen auf einem feinkörnigen Stein im Vergleich zu Leder besser ist. Auch in Japan werden Kochmesser ausschließlich auf Steinen abgezogen. Für weniger Geübte und eine schwierige Schneidengeometrie (zum Beispiel Wellenschliff) kann jedoch das Abziehen auf dem Leder vorteilhaft sein, da es sich der Oberflächenkontur anpasst.

Keramikklingen

Der Vollständigkeit halber seien auch die keramischen Klingen erwähnt, die zunehmend auch bei Küchenmessern Verwendung finden. Sie bestehen aus reinem Zirkonoxid, einem Werkstoff, der in der Härte nahe am Diamanten liegt und deshalb nur noch mit Diamantschleifmittel zu schärfen ist. Aufgrund ihrer extremen Härte bilden sie beim Schärfen keinen Grat, allerdings limitiert ihre Sprödigkeit die Einsatzmöglichkeiten.

GESCHICHTE UND GESCHICHTEN

„Der Mensch ist ein werkzeuggebrauchendes Tier"
Thomas Carlyle, britischer Sozialhistoriker, 1795-1881

Das Bemühen um scharfe Schneiden ist so alt wie die Menschheitsgeschichte. Die bewusste Herstellung von schneidenden Werkzeugen kennzeichnet die Abspaltung der Linie des Homo habilis von den Menschenaffen vor etwa 2,5 Millionen Jahren. Bei den ersten Schneid- und Schabwerkzeugen handelte es sich um Geröllsteine, bei denen Teile abgeschlagen wurden, um scharfe Kanten zu erzeugen.

Später wurden die Techniken immer weiter verfeinert. So entstanden durch Spalten von Silikatgestein (Feuerstein) bereits vor 300000 Jahren nach dem Einsatzzweck geformte Messerklingen oder Pfeilspitzen. Die feinsten Bruchkanten wurden mit kryptokristallinem, vulkanischem Obsidiangestein erzielt, dem auch die Opfermesser der Azteken ihren legendären Ruf verdanken.

Das Erstaunliche ist, dass damit bereits vor Tausenden von Jahren die bis heute schärfsten aller Schneiden geschaffen wurden (Quellenverzeichnis Nr. 6). Im Gegensatz zu Stahl sind ihre Schneid- beziehungsweise Bruchkanten völlig glatt und mit einer Breite von drei Nanometern mehr als hundertmal dünner als die feinsten bei Rasierklingen gemessenen Schneidkanten (0,5 µm).

Aufgrund ihres geringen Schnittwiderstands und ihrer Gewebeneutralität kommen Osidiansplitter bis heute als Skalpellklingen in der Augenchirurgie oder für medizinische Dünnschnitte (Mikrotomie) zum Einsatz, wobei Gewebeproben in einer Stärke bis zu 0,1 µm geschnitten werden. Daneben wird zunehmend auch Diamant als Mikrotommesser-Klingenmaterial eingesetzt.

Bei der Verwendung als Messerklingen ist jedoch ihre hohe Bruchempfindlichkeit ein gravierender Nachteil. Deshalb wurden seit Beginn des Neolithikums (ca. 11500 v. Chr.) die Spalttechniken durch eine Oberflächenbearbeitung mit Schleifsteinen ergänzt, was an geglätteten Beilen, Äxten und Meißeln aus dieser Zeit nachweisbar ist.

Im Vergleich zur Jahrmillionen dauernden Steinzeit, ist das Zeitalter der Metalle, das vor etwa 10000 Jahren mit der Nutzung von Kupfer begann, eine relativ junge Periode. Während Kupfer nur hinsichtlich der Formbarkeit Vorteile mit sich brachte – daraus hergestellte Klingen waren sehr weich – erkannte man vor rund 4500 Jahren, dass durch Beimengen von Zinn eine Legierung mit höherer mechanischer Belastbarkeit entstand, die Bronze. Durch Schmieden konnte man sie der Beanspruchung entsprechend dimensionieren, durch Hämmern im kalten Zustand weiter härten (Kaltverfestigung). So entstanden schnitthaltige Schwert- und Messerklingen, Speerspitzen und widerstandsfähige Rüstungsteile.

„Wer das Eisen hat, hat die Macht"
Meinrad Maria Grewenig

Bereits vor rund 6000 Jahren wurde vereinzelt, zum Beispiel in Mesopotamien, aus Meteoriten gewonnenes Eisen für Pfeilspitzen und Ritualgeräte eingesetzt. Die Gewinnung von Eisen durch Schmelz- und Schmiedeprozesse gelang erstmals vor etwa 3600 Jahren den in Kleinasien ansässigen Hethitern. Das Eisenmonopol, verbunden mit der höheren Härte und Festigkeit dieses Metall im Vergleich zu Bronze, bildete die Grundlage für die rasche Ausbreitung des hethitischen Reiches zwischen 1600 und 1200 vor Christus. Aus Kleinasien gelangte das metallurgische Wissen vermutlich um 800 v. Chr. auf Handelswegen bis nach China.

Ob zu dieser Zeit bereits Stahl, das heißt gehärtetes Eisen, gezielt erzeugt wurde, ist nicht klar nachweisbar. Bis heute erhalten sind jedoch gehärtete, stählerne Werkzeuge und Waffenklingen aus der keltischen und frühen römischen Zeit (um 600 v. Chr.). Auch die waffentechnische Überlegenheit der Kelten beruhte auf ihren fortgeschrittenen Fertigkeiten in der Eisenverhüttung und dem Schmiedehandwerk (Quelle Nr. 7).

Es ist davon auszugehen, dass von frühen Hochkulturen nicht nur die Methoden des Schmiedens und Härtens in erstaunlicher Weise verfeinert wurden, sondern auch das Schärfen. Davon zeugt nicht zuletzt eine frührömische Marmorskulptur, die sich in der Uffiziengalerie in Florenz befindet. Sie zeigt einen Schärfer (ital. „Arrotino") und gilt als eine Kopie eines hellenistischen Originals aus dem zweiten bis dritten vorchristlichen Jahrhundert. Der Mann – es handelt sich vermutlich um einen professionellen Messerschleifer – bearbeitet in gebückter Stellung auf einem am Boden ruhenden Blockstein eine Klinge mit gebogener Form. Verblüffend ist die Ähnlichkeit der Position mit der, wie sie japanische Handwerker auch heute noch einnehmen.

Die steigenden Anforderungen der Waffen- und Maschinenindustrie gaben der Metallurgie Ende des 19. Jahrhunderts entscheidende Impulse. Man verstand nun den Einfluss der Legierungselemente auf die Korrosionsbeständigkeit und Festigkeit des Stahls. Im Jahre 1913 wurde fast gleichzeitig im englischen Sheffield und bei Krupp in Deutschland rostbeständiger Stahl entwickelt, der die europäische Schneidwarenherstellung revolutionierte.

Verschleißfestigkeit und Hitzebeständigkeit waren Forderungen, die bei industriellen Bearbeitungsverfahren zählen. Sie hatten die Entwicklung der legierten Werkzeugstähle, sowie in neuerer Zeit der hochlegierten Schnellarbeitsstähle (HSS) und der pulvermetallurgisch hergestellten Stähle (PM) zur Folge, die teilweise auch in der Schneidwarenindustrie Anwendung finden. Hier ist die Stahlmatrix nur noch Trägermaterial für die eigentlichen für Härte und Verschleißfestigkeit verantwortlichen Karbide, die chemisch zu den Keramiken zählen. In diesem Zusammenhang sind auch neuzeitliche nichtmetallische Klingenmaterialien wie Zirkonkeramik oder keramische Beschichtungen zu nennen.

„Das Weiche siegt über das Harte"
Laotse, chinesischer Philosoph, ca. 6. Jahrhundert v. Chr.

Wenn es darum geht, die Schärfe einer Klinge zu testen, kennt die Phantasie nahezu keine Grenzen. Die Prüfmethoden reichen vom Rasieren des Unterarms bis hin zum Durchschlagen frei fliegender Hanfseile.

Dass gerade weiches Schneidgut die größte Herausforderung für die Schneidfähigkeit einer Klinge bedeutet, lehren uns zwei Anekdoten aus der Mythologie, die trotz völlig verschiedenen Ursprungs eine bemerkenswerte inhaltliche Verwandtschaft aufweisen.

Das legendäre Schwert Mimung aus der Nibelungensaga entstand auf folgende Weise: Wieland der Schmied fertigte ein Schwert. Dessen Klinge zerfeilte er, mischte die Späne mit Brot und verfütterte sie an seine Gänse. Er sammelte deren Ausscheidungen, in denen die Späne unverdaut waren und schmiedete daraus wieder ein Schwert. Diesen Vorgang wiederholte er dreimal. Das so geformte Schwert Mimung testete er an seinem Filzhut, den er in einen Bach warf. Er hielt die Klinge ins Wasser und der Hut wurde – allein durch die Kraft der Strömung – in zwei Stücke zerteilt.

Dieses Härtungsverfahren wurde in wissenschaftlichen Versuchen nachvollzogen und teilweise verifiziert. So etwa 1936 in der Krupp-Forschungsabteilung, wo man Hühnermist mit Weicheisenspänen verrührte und glühte. Man stellte eine Kohlenstoff- und Stickstoffaufnahme und damit bessere Härtbarkeit fest (Quellenverzeichnis Nr. 8). Ähnliche Versuche wurden in Schweden durchgeführt.

Auch die japanischen Schwertschmiede Muramasa und Masamune schufen Klingen von phänomenaler Schärfe, die jedoch unterschiedlichen Charakter aufwiesen. Nach der Zen-Mythologie dienten Muramasas *katana* dazu, Leben zu nehmen, die des Meisters Masamune jedoch hatten den Ruf, das Leben zu bewahren. Entsprechend verhielten sie sich bei der Schärfeprüfung, die an Ahornblättern durchgeführt wurde, die in einem Bach trieben. Muramasas Klinge schnitt jedes Blatt, das durch die Strömung auf seine Schneide traf, entzwei. Um Masamunes Klinge jedoch schwammen die Blätter – aus Respekt vor dessen edlerem Charakter – einen Bogen!

INDEX

GLOSSAR

Ago (jp.): Hintere Schneidkante
Anlassen: Abbau der Spannungen im Stahl nach dem Härten durch kontrolliertes Erhitzen
Ao Gami (jp.): Blauer Papierstahl (Hitachi Kohlenstoffstahl)
Ara toishi (jp.): Grobe Schleifsteine
Austenit: Grobkörnige Gitterformation beim Stahl (Eisen-Kohlenstoff-Mischkristall), nicht magnetisch, weicher als Martensit
Awaswe-do (jp.): Feiner Abziehstein
Belgischer Brocken: Natur-Abziehstein aus den Ardennen
Binsui-to (jp.): Natur-Schleifstein
Blauer Thüringer: Feinkörniger Naturabziehstein
Coticule: Gelber Belgischer Brocken von feiner Qualität
Deba (jp.): Hackmesser
Duktilität: Zähigkeit des Stahls
E (jp.): Griff
Emoto (jp.): Nacken
Gefüge: Kristalline Struktur des Stahls
Gin Gami (jp.): Silberner Papierstahl (rostbeständiger Hitachi-Stahl)
Gosauer: Nach dem gleichnamigen Ort benannter Stein aus dem Dachsteingebiet
Gyuto(jp.): Fleischmesser
Ha (jp.): Schneide
Hadori (jp.): Natürlicher Schwertpolierstein
Hagane (jp.): (Harter) Stahl
Hamato (jp.): Ferse
Hazakai (jp.): Laminatlinie
Hazuya (jp.): Natürlicher Schwertpolierstein
Hira (jp.): Klingenspiegel
Hocho (jp.): Japanisches Kochmesser
Honyaki (jp.): Monostahl-Klinge
Hon-yama (jp.): Feinstkörniger Natur-Abziehstein
Ibota (jp.): Putz- und Poliermittel für Klingen
Jigane (jp.): Eisen
Jizuya (jp.): Natürlicher Schwertpolierstein
Kaeri (jp.): Grat
Kaltverfestigung: Erhöhung der Zugfestigkeit und zugleich Kornfeinung durch Umformung des Metalls im kalten Zustand (unterhalb der Rekristallisationstemperatur)
Karbide: Sehr harte (keramische) Partikel im Stahlgefüge, Verbindungen aus Kohlenstoff und Metalle, zum Beispiel Eisenkarbide, Chromkarbide, etc.
Karborund: Siliziumkarbid-Schleifpartikel
Kasumi (jp.): Laminat-Klinge
Kataba (jp): Einseitiger Klingenanschliff
Katana (jp): Schwert
Katsuramaki (jp.): Spiral-Dünnschnitt
Kiriba (jp.): Fase
Kissaki (jp.): Klingenspitze
Koba (jp.): Mikrofase
Korngröße: Mittlere Größe der Kristallite in der Stahlstruktur
Korund: Aluminiumoxid-Schleifpartikel
Koba (jp): Mikrofase
Martensit: Feinkörnige Gitterformation

beim Stahl (Eisen-Kohlenstoff-Mischkristall), die durch Abschrecken beim Härten gebildet wird
Mei (jp.): Signatur
Mikrofase: Zweite, schmale Anschlifffase in der Nähe der Schneidkante
Mune (jp.): Rücken
Nagura (jp.): Mittlerer Abziehstein, wird auch zur Pastenbildung benutzt.
Nakago (jp.): Angel
Naka toishi (jp.): Mittlere Schleifsteine
Rozsutec: Natur-Abziehstein aus der Slowakei
Ryoba (jp.): Beidseitiger Anschliff
Santoku (jp.): Allzweckmesser
Shiage toishi (jp.): Feine Schleifsteine
Shinogi (jp.): Anschlifflinie
Shiro Gami (jp.): Weißer Papierstahl (Hitachi-Kohlenstoffstahl)
Sori (jp.): Klingenbauch
Tennen toishi (jp.): Natur-Schleifsteine
Togishi (jp.): Schwertpolierer
Toguso (jp.): Schlämme (Paste), die sich beim Schärfen auf dem Stein bildet
Uchigu (jp.): Natürlicher Schwertpolierstein
Uchigumori (jp.): Natürlicher Schwertpolierstein
Ura (jp.): Rückseite einer einseitig angeschliffenen Klinge
Usuba (jp.): Gemüsemesser
Textur: Vorzugsrichtung beim Stahlgefüge, verursacht durch Umformprozesse
Yanagiba (jp.): Fischmesser in Weidenblattform

Hinweis:
Da die japanischen Bezeichnungen und Namen nur lautschriftliche Umschreibungen der Originalausdrücke sind, können die Schreibweisen variieren.

QUELLENVERZEICHNIS

(1) **Hiromitsu Nozaki:** Japanese Kitchen Knives, Kodansha, 2009
(2) **Roman Landes:** Messerklingen und Stahl, Wieland Verlag, 2002
(3) **Stefan Steigerwald, Peter Fronteddu:** Messer schärfen leicht gemacht, Wieland Verlag, 2010
(4) **Toshio Odate:** Die Werkzeuge des japanischen Schreiners, Vincentz Network, 2006
(5) **Jim Kingshott:** Sharpening, The Complete Guide, Guild of Master Craftsman Publications, 1994
(6) **www.wikipedia.org/wiki/obsidian**
(7) **Meinrad Maria Grewenig:** Die Kelten. Ausstellungskatalog Völklinger Hütte, Springpunkt Verlag, 2010
(8) **www.schwerterimmittelalter.npage.de**

Weitere empfehlenswerte Literatur:
Leonard Lee: The Complete Guide to Sharpening, Taunton, 1995
Thomas Lie-Nielsen: Schärfen, Grundlagen, Techniken, Ausrüstung, Vincentz Network, 2010
Setsuo Takaiwa, Yoshindo Yoshihara, Leon und Hiroko Kapp: The Art of Japanese Sword Polishing, Kodansha, 2006

BEZUGSQUELLEN

FÜR SCHLEIFSTEINE UND ZUBEHÖR

Dictum GmbH, www.dictum.com
Dieter Schmid, www.feinewerkzeuge.de
Markus Prömper, www.shokunin.de
Kay Schmitt, wolfknives, www.feines-werkzeug.de
Johann Tremml, www.ashley.de
Magma GmbH, www.magma-tools.de
Fa. Daniel Wiebelhaus, www.scharfesjapan.de
Fa. Hiroshi Hori, www.japan-messer-shop.de
Manufactum GmbH, www.manufactum.de
Steffen J. Lindner, www.belgischer-brocken.com

SCHÄRFDIENST FÜR JAPANMESSER

Dictum GmbH, www.dictum.com

Die darf in keiner Werkstatt fehlen: Die MESSER MAGAZIN Workshop-Serie

Von Praktikern für die Praxis gemacht: Die Workshop-Serie rund um das Thema Messermachen. Schritt für Schritt erfahren Sie hier alles, was Sie wissen müssen. Dank der praktischen Spiralbindung bleiben die Bücher offen so liegen, wie man sie hinlegt. Auch die Größe der Bilder und Texte ist so gestaltet, dass man damit in der Werkstatt unproblematisch arbeiten kann. Mehrere tausend Leser haben damit schon erfolgreich ihre ersten Messer gebaut oder neue Projekte in Angriff genommen!

Japanische Messer schmieden für Anfänger
(Ernst G. Siebeneicher-Hellwig und Jürgen Rosinski) Von der Stahlerzeugung im Rennofen zum fertigen Tanto und Hocho, 128 Seiten, zahlreiche farbige Abb., Softcover mit Spiralbindung (16 x 23 cm)
Bestell-Nr. 100 0197
EUR 29,80

MESSER MAGAZIN WORKSHOP
Thomas Löfgren
Nordische Scheiden
mit praktischer Spiral-bindung
Schritt für Schritt: Von der Skizze zur fertigen Leder-Köcherscheide

Nordische Scheiden
Thomas Löfgren stellt seine Methode vor, um eine typisch skandinavische Köcher-Lederscheide für ein feststehendes Messer anzufertigen. Darin werden alle Arbeitsgänge im Text exakt beschrieben und in Fotos dokumentiert (80 Seiten).
Bestell-Nr. 100 0169
EUR 19,80

Bestellungen:
08061/3899810 oder
www.wieland-verlag.com

Klappmesser bauen
(Stefan Steigerwald und Peter Fronteddu) Klappmesser ohne Arretierung bauen, Softcover mit Spiralbindung, 144 S., viele Grafiken und Abb.
Bestell-Nr. 100 0162
EUR 29,80

Messer schmieden für Anfänger (Siebeneicher-Hellwig/Rosinski) Mit einfachsten Mitteln eine Schmiede einrichten und loslegen, 128 S., zahlr. Abb., Softcover mit Spiralb.
Bestell-Nr. 100 0134
EUR 29,80

Messerscheiden Band 1
(Fronteddu/Hölter) Komplette Anleitung von der Konstruktion bis zum Finish, 144 S., zahlreiche farb. Abb., Softcover mit Spiralbindung
Bestell-Nr. 100 0153
EUR 29,80

Integralmesser
(Fronteddu/Steigerwald) Komplette Anleitung von der Konstruktion bis zum Finish, 144 S., zahlreiche farb. Abb., Softcover mit Spiralbindung
Bestell-Nr. 100 0144
EUR 29,80

Liner-Lock-Messer
(Fronteddu/Steigerwald) Komplette Anleitung von der Konstruktion bis zum Finish, 128 S., zahlreiche farb. Abb., Softcover mit Spiralbindung
Bestell-Nr. 100 0127
EUR 29,80

Steckangelmesser
(H. Schmidbauer und Hans J. Wieland) Ohne aufwändige Werkstatteinrichtung und Maschineneinsatz zum eigenen Messer, 122 S., Softcover mit Spiralbindung
Bestell-Nr. 100 0161
EUR 24,80

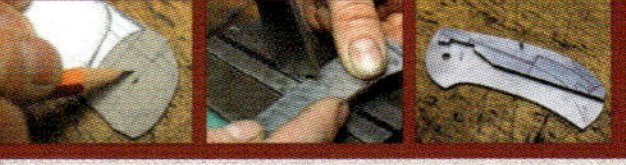

Back-Lock-Messer
(Fronteddu/Steigerwald) Komplette Anleitung von der Konstruktion bis zum Finish, 144 S., zahlreiche farb. Abb., Softcover mit Spiralbindung
Bestell-Nr. 100 0135
EUR 29,80